# 产品数据管理操作与应用

主　编　武　同　杨　莉
副主编　谢　楠　乔　良（企业）
主　审　王美姣

北京理工大学出版社
BEIJING INSTITUTE OF TECHNOLOGY PRESS

## 内 容 简 介

本书以 Siemens Teamcenter PLM Software 系统模块为主线，以应用集成和应用实施为目标进行内容设计，并将 Siemens Teamcenter PLM Software 系统的模块功能及操作运用融入各项目。每个项目按照"项目描述""知识准备""项目实施"和"任务评价"四个部分组织内容。本书采用任务驱动、案例贯穿的方式，结合 1 + X 证书考核的相关要求，开展基于 Teamcenter 的产品全生命周期管理学习任务的开发，并提供了与教学内容配套的信息化资源。

本书可作为机械类专业生产管理相关课程的教材，也可作为制造类企业生产管理人员的自学参考书。

**图书在版编目(CIP)数据**

产品数据管理操作与应用 / 武同，杨莉主编. -- 北京：北京理工大学出版社，2024.1
ISBN 978 - 7 - 5763 - 3629 - 0

Ⅰ．①产… Ⅱ．①武… ②杨… Ⅲ．①企业 - 产品 - 数据管理系统 - 高等学校 - 教材 Ⅳ．①F273.2

中国国家版本馆 CIP 数据核字(2024)第 048020 号

---

责任编辑：钟　博　　文案编辑：钟　博
责任校对：刘亚男　　责任印制：李志强

---

**出版发行** / 北京理工大学出版社有限责任公司
**社　　址** / 北京市丰台区四合庄路 6 号
**邮　　编** / 100070
**电　　话** / (010) 68914026 (教材售后服务热线)
　　　　　　(010) 68944437 (课件资源服务热线)
**网　　址** / http://www.bitpress.com.cn

---

**版 印 次** / 2024 年 1 月第 1 版第 1 次印刷
**印　　刷** / 河北盛世彩捷印刷有限公司
**开　　本** / 787 mm × 1092 mm　1/16
**印　　张** / 17.75
**彩　　插** / 1
**字　　数** / 396 千字
**定　　价** / 85.00 元

# 前　言

智能制造是中国政府实施制造强国的重要战略，党的二十大报告指出，要"推进新型工业化，加快建设制造强国"。国家先后出台《"十四五"智能制造发展规划》《"十四五"机器人产业发展规划》等一系列相关规划，对高质量发展制造强国进行了重点部署。随着智能制造与工业4.0的推进，制造业中各类产品的协同设计开发与整个产品生命周期中各类生产资料、资源与流程的集成管理成为关键的突破点，因此PLM（产品生命周期管理）系统的应用成为智能制造中最为重要的一个环节。

Siemens Teamcenter PLM Software 在汽车与交通、航空航天、日用消费品、通用机械以及机械加工制造等过程设计领域得到了大规模的应用，是目前国内大型装备制造企业所采用的主流 PLM 软件平台，并且它在世界范围内也获得了广泛的应用，已成为行业公认的PLM 领导者。

Teamcenter 从时间上覆盖从产品的概念设计阶段一直到产品结束其使命的全生命周期。Teamcenter 从数据上可以管理产品生命周期内完整的产品定义信息，包括所有机械的、电子的产品数据，以及软件和文件内容等信息。从技术上说，Teamcenter 结合了一整套技术和最佳实践方法，例如产品数据管理、协同产品商务、视算仿真、企业应用集成、零部件供应管理以及其他业务方案。从发展上说，以 Teamcenter 为代表的 PLM 平台正在迅速地从竞争优势转变为竞争必需品，成为企业信息化的必由之路。

本书采用案例贯穿、任务驱动的方式，结合专业群 1 + X 证书相关要求，开展基于Teamcenter 的产品全生命周期管理教材建设并配套开发信息化资源，以此解决目前教材与企业生产实际脱节、内容陈旧老化、更新不及时、与职业教育要求背离等问题，从而提高数控技术专业群相关课程的教学质量，为提高学生的综合应用能力做出贡献。本书以 PLM 系统功能模块为主线，以应用集成、应用实施为目标进行内容组织，并将 Siemens PLM Software 公司产品全生命周期管理平台 Teamcenter 软件系统的模块功能及操作运用融入各项目。每个项目按照"项目描述""知识准备""项目实施"和"任务评价"4 个部分组织内容。

本书由河南职业技术学院武同、杨莉任主编，同济大学谢楠和郑州日产汽车有限公司乔良任副主编。具体编写分工为：武同编写项目 1～3，杨莉编写项目 4～6，谢楠编写项目 7～9。本书由王美姣审稿。本书在编写过程中得到了郑州日产汽车有限公司乔良的大力支持和帮助，在此表示衷心的感谢。

由于编者水平有限，书中不妥和疏漏之处在所难免，敬请广大读者批评指正。

编者

# 目 录

## 项目 1  Teamcenter 系统架构与安装部署

【知识目标】

- 了解安装 Teamcenter 系统前的相关设置工作。
- 了解创建 Teamcenter 数据库的两种方法。
- 熟悉 Teamcenter 2 层结构、4 层结构和文件管理系统。
- 熟悉 Teamcenter 环境管理器（TEM）的用途。

【技能目标】

- 掌握 Oracle 数据库的安装配置方法。
- 掌握 Teamcenter 数据库创建操作。
- 掌握 Teamcenter 企业服务器的安装方法。
- 掌握 Teamcenter 2 层胖客户端的安装方法。

【职业素养目标】

- 具有认真、细致的工作态度。
- 培养团队意识和合作交流能力。
- 培养热爱所学专业、热爱制造业信息化工作的精神。

## 1.1  项目描述

### 1.1.1  项目内容

在本项目中要求完成 Teamcenter 两层结构的安装。要求完成如下任务：①准备满足安装 Teamcenter 系统的软/硬件；②在操作系统中安装 Oracle 数据库，配置 Oracle 监听程序，并安装 Teamcenter 数据库；③安装 Teamcenter 企业服务器；④安装 Teamcenter 2 层胖客户端。

### 1.1.2  项目实施步骤

项目实施的主要步骤如图 1-1 所示。

（1）准备工作。学习者在学习本门课程的同时，应主动学习 VMWare 虚拟机软件、操作系统的安装与维护等技术，同时应根据推荐配置准备一台满足本课程学习要求的计算机，并按要求提前安装好 VMWare 和 JDK 等所需软件。

（2）安装与配置 Oracle 数据库。安装 Oracle 数据库，配置监听程序，并使用 Teamcenter 提供的数据库建库脚本文件创建 Teamcenter 系统所需要的数据库，最后测试能否成功连接数据库。

（3）安装 Teamcenter 企业服务器和 Teamcenter 2 层胖客户端。Teamcenter 企业服务器和 Teamcenter 2 层胖客户端可以同时安装，为了更贴近企业项目实施的真实情况，本书将 Teamcenter 企业服务器与 Teamcenter 2 层胖客户端的安装过程分开。

下面将上述每一个步骤安排为一个任务进行项目实施。

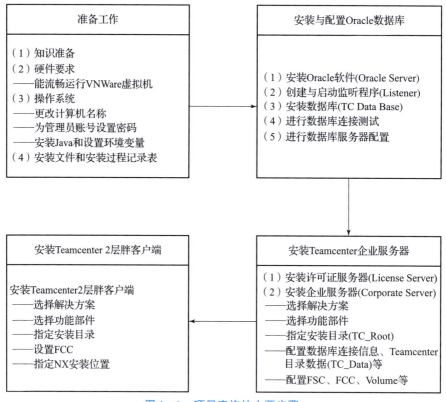

图 1-1　项目实施的主要步骤

## 1.2　知识准备

Teamcenter 提供了 2 层（Two-Tier）和 4 层（Four-Tier）两种体系结构，在安装部署时可以根据企业需求选用任一种体系结构，也可以在同一环境中同时部署这两种体系结构。需要注意的是，无论 2 层还是 4 层体系结构，都是从逻辑上划分的，不等同于物理意义上的分层，不能简单理解为"2 层"是 2 台计算机，"4 层"是 4 台计算机。

### 1.2.1　Teamcenter 2层体系结构

#### 1. Teamcenter 2 层体系结构逻辑视图

Teamcenter 2层体系结构逻辑视图如图1-2所示，其包括客户端层（Client Tier）和资源层（Resource Tier）。

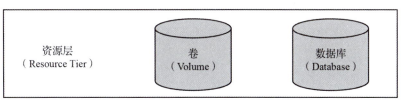

图1-2　Teamcenter 2层体系结构逻辑视图

客户端层包含如下部分。

（1）胖客户端；

（2）Teamcenter服务器和可执行文件；

（3）与胖客户端集成的可选应用程序，如NX等。

资源层存储通过运行环境管理的持久元数据和文件，包含如下部分。

（1）数据库服务器和实例；

（2）卷；

（3）文件服务器。

#### 2. Teamcenter 2 层体系结构物理视图

Teamcenter 2层体系结构物理视图如图1-3所示，其包括如下部分。

1）胖客户端

胖客户端包含胖客户端软件、Teamcenter服务器、可执行文件和数据文件。它直接与环境中的其他节点通信。

2）许可证服务器（License Server）

客户端在登录时需要连接许可服务器以获取授权。

3）关系数据库管理系统（RDBMS）服务器、监听器和数据库

Teamcenter支持Oracle和MS SQL Server两种数据库，监听器使用SQL*Net8处理客户端和数据库之间的通信，数据库存储由系统管理的持久元数据。

4）FMS服务器和卷

FMS服务器通过安全套接字（Socket）在客户端和卷之间传输文件。任何带有FMS服务器或卷的机器都有一个FMS服务器缓存（FSC），以提高文件传输性能。

5）数据服务器

数据服务器将 Teamcenter 数据目录（TC_Data）导出到客户端，它通过 NFS 和 CIFS 与胖客户端通信。

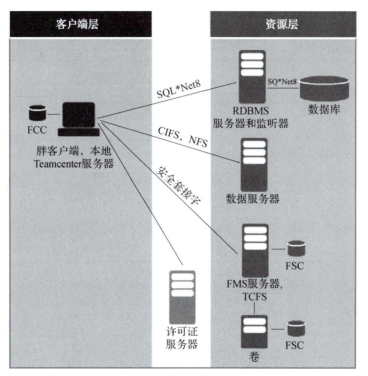

图 1 – 3　Teamcenter 2 层体系结构物理视图

## 1.2.2　Teamcenter 4 层体系结构

### 1. Teamcenter 4 层体系结构逻辑视图

Teamcenter 4 层体系结构逻辑视图如图 1 – 4 所示，其分为 4 个层次，分别是客户端层（Client Tier）、Web 层（Web Tier）、企业层（Enterprise Tier）和资源层（Resource Tier）。

客户端层负责客户端的应用，处理用户界面的输入/输出，并负责保障文件缓存。客户端层包含以下部分。

（1）瘦客户端（Thin Client）；

（2）胖客户端；

（3）Teamcenter 的网络文件夹；

（4）Teamcenter's lifecycle visualization 等其他应用程序。

Web 层处理客户端的安装、登录请求，客户端的业务逻辑请求并向客户端提供静态内容，处理客户端和企业层的交互。Web 层可以有如下应用。

（1）WebLogic 等基于 Java 的 J2EE Web 应用服务；

（2）基于 .NET 的 Microsoft IIS 服务。

企业层承载业务逻辑，应用安全规则，从数据库中检索数据并将数据存储在数据库中，并向客户端提供动态内容。企业层位于企业服务器上，它由以下部分组成。

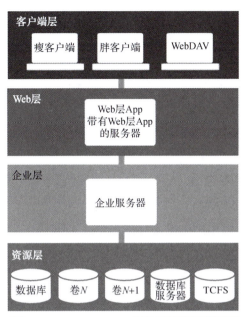

**图1-4 Teamcenter 4层体系结构逻辑视图**

（1）共享二进制的可执行文件；

（2）共享数据目录和文件；

（3）许可证服务器；

（4）由服务器管理器管理的服务器进程池（仅限4层环境）。

资源层存储Teamcenter的持久数据和文件管理。资源层包括以下部分。

（1）数据库服务器和数据库；

（2）卷；

（3）Teamcenter 文件服务（Teamcenter File Service，TCFS）。

**2. Teamcenter 4 层体系结构物理视图**

Teamcenter 4 层体系结构物理视图如图1-5所示。

## 1.2.3 Teamcenter 体系结构相关概念

### 1. 客户端

Teamcenter为各种应用和网络配置提供了以下几种类型的客户端。

1）胖客户端

胖客户端是一安装在用户计算机上的基于Java的Teamcenter用户界面。胖客户端使用远程或本地服务器访问Teamcenter数据库。胖客户端支持Teamcenter的所有功能，用户也可以扩展标准的用户界面。胖客户端支持2层和4层结构模式，适合系统管理员、设计人员及管理人员等使用。

2）瘦客户端

瘦客户端通过标准商业浏览器访问Teamcenter，其用户界面提供了视图方式查看存储在Teamcenter数据库中的产品信息。瘦客户端只能在4层结构模式下使用。瘦客户端不需要安装，直接使用Web浏览器打开和登录即可，它仅提供Teamcenter的部分功能。

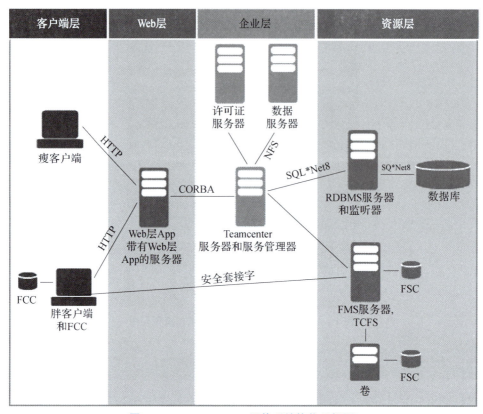

图 1–5　Teamcenter 4 层体系结构物理视图

### 2. 卷

在 Teamcenter 系统中，用户的数据被分为两类（图 1–6）。

一部分为结构化的、规则的数据，如文件夹（Folder）、零组件（Item）等 Teamcenter 对象以及这些对象的属性、对象之间的关系数据。这部分数据以数据表的形式存储在数据库系统中（如 Oracle）。

另一部分为产品的设计数据，如三维模型、二维图、Word 文件、图片等不规则的数据，通俗地讲就是由应用程序产生的各种物理文件，这部分数据以文件的形式存储在卷中。

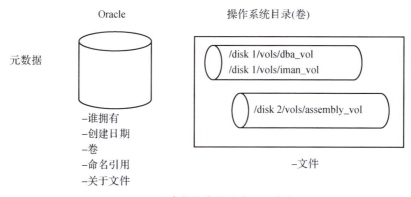

图 1–6　Teamcenter 用户数据存储分类（元数据和物理文件）

卷是由 Teamcenter 控制的操作系统目录，用于存储 Teamcenter 管理的文件。当用户执行可引起 Teamcenter 创建文件的操作时，Teamcenter 会在其卷中创建该文件。用户不能直接访问 Teamcenter 卷中的文件，只能通过 Teamcenter 会话来访问。

卷分为标准卷（Standard Volume）和临时卷（Transient Volume）。临时卷用于存储临时数据，以便在 Teamcenter 4 层体系结构中的 Web 层和客户端层之间传输报告、PLM XML 和其他非卷数据。每个数据库需要一个临时卷。对于 2 层体系结构的部署，Teamcenter 将临时数据存储在富客户端主机上的临时目录中。

客户端对文件的访问请求由下面两个服务处理。

（1）Teamcenter 文件服务（TCFS）；

（2）文件管理系统（File Management System，FMS）。

### 3. TCFS

TCFS 守护程序必须在承载卷的所有网络节点上运行，用于启动 TCFS 守护进程的操作系统用户拥有在 Teamcenter 中创建的所有新文件。TCFS 用于以下情况。

（1）当 Teamcenter 组织应用程序创建卷和管理卷时调用 TCFS。

（2）NX 4.0.0.25 及更早版本软件、Teamcenter Visualization 5.0 或更早版本软件访问文件时调用 TCFS。

### 4. FMS

FMS 是一个文件存储、缓存、分配和访问系统。FMS 提供全局、安全、高性能和可扩展的文件管理服务。使用 FMS 可将数据存储卷集中存储在可靠的备份文件服务器上，同时通过共享数据缓存将数据保存在靠近用户的位置。这样就在单一标准 FMS 中既实现了集中存储，又将文件资源广泛地分配到所需位置。

FMS 主要用于以下情况。

（1）Teamcenter 2 层、4 层体系结构客户端和卷之间进行文件传输时调用 FMS。

（2）NX 4.0.1.2 及更高版本软件、Teamcenter Visualization 软件访问文件时调用 FMS。

（3）进行临时数据存储时调用 FMS，用于在 Teamcenter 4 层体系结构中的 Web 层和客户端层之间传输报告、PLM XML 和其他非卷数据。

（4）进行多站点协作的数据访问时调用 FMS。

（5）FMS 客户端缓存用于在文件服务器和胖客户端上进行文件缓存，以提高文件传输性能。

FMS 包含以下两个必要组件。

①FMS 服务器缓存（FMS Server Cache，FSC）；

②FMS 客户端缓存（FMS Client Cache，FCC）。

FMS 文件服务示意如图 1 - 7 所示。

### 5. FSC

FSC 是共享而安全的服务器级缓存。它将文件上传和下载到其他 FSC 以及客户端缓存。

FSC 可以提供一个或多个模式，其中每个模式管理一种数据类型，包括卷文件、缓存文件、临时文件和配置文件。根据 FMS 配置，一个特定的 FSC 可以同时执行这些功能中的任意功能或同时执行全部功能。

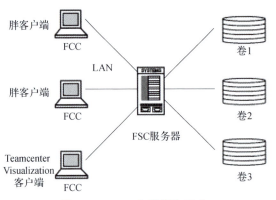

**图 1 – 7　FMS 文件服务示意**

在正确配置的 FSC 拓扑中，所有 FSC 至少提供一种模式。使用 XML 语句可以在 FMS 配置文件中明确定义配置文件、卷文件和临时文件的模式。每个 FSC 上都装有缓存服务器功能，但是只有当 FSC 不能直接访问卷文件时才使用该功能。

### 6. FCC

FCC 是私有的用户级缓存，与 Web 浏览器提供的读文件缓存类似。FCC 是用于已下载和已上传的文件的高性能缓存。FCC 为客户端程序提供代理接口，并可连接到服务器缓存和卷。

由 FCC 捕获的任何文件都不会更改——无论是下载的文件还是上传的文件，无论是全部文件还是部分文件。所有文件的副本和文件片段的副本在整个系统中都是相同的，而且不会更新。新文件版本在签入系统时将具有一个新的 GUID，但在 FMS 中，包含现有 GUID 的文件不会更改，因此不会出现文件更改或缓存一致性的问题。

通过 FCC 还可以访问 Teamcenter 2 层配置中业务服务器的临时卷。业务服务器将临时文件直接写入到磁盘目录或从中直接读取，胖客户端会使用标准的 FCC 接口访问这些文件。这使客户端独立于系统配置，并确保客户端程序在 2 层模式和 4 层模式中对文件访问功能执行相同的操作。

从 Teamcenter 9 开始，FCC 在 Teamcenter 客户端通信系统（TCCS）模块中运行。

TCCS 是一个容器应用程序，它还包括 Teamcenter 服务器代理（TcServerProxy）和 Teamcenter 模型事件管理器（TcMEM）服务以及 FCC。所有 TCCS 服务都与此容器应用程序同时启动和终止。启动和停止 FCC 需要启动和停止整个 TCCS，包括 TcServerProxy 进程和 TcMEM 进程。

## 1.3　项目实施

安装 **Teamcenter**
的准备工作

### 1.3.1　准备工作

#### 1. 计算机硬件配置要求

本课程要求用户尽可能在虚拟机系统上完成各项目实施，因此要求用户的计算机能流畅运行 VMware Workstation 虚拟机。项目实施所推荐的计算机配置见表 1 – 1。

**表 1 – 1  项目实施所推荐的计算机配置**

| 项目 | 配置 |
|---|---|
| CPU | 4 核 8 线程，2.50 GHz（Intel 酷睿 i7 4710MQ 及以上） |
| 内存 | 16G DDR3 1 600 MHz 以上 |
| 硬盘 | 固态硬盘 256 GB 以上，空余硬盘空间 500 GB 以上 |
| 显卡 | 无要求 |

特别说明，表 1 – 1 所示是能满足本课程项目实施要求的计算机最低配置，企业生产环境中的 Teamcenter 平台都是在高性能专用服务器上运行的。

**2. 计算机操作系统配置要求**

建议利用虚拟机软件安装一个纯净的操作系统，该系统版本为 Windows 7 以上 64 位专业版或旗舰版。操作系统中仅安装常用的办公软件（压缩解压软件、WPS 或 Office 办公自动化软件等）。

1）更改计算机名称

计算机名称不能含有中划线、下划线等特殊字符，若有这些字符则需要将计算机重命名。Windows 7 系统计算机重命名的操作方法为：

（1）在桌面上选择"我的电脑"图标，单击鼠标右键，选择"属性"选项。

（2）在弹出的窗口中单击"高级系统设置"链接。

（3）在弹出的"系统属性"对话框，切换到"计算机名"选项卡（图 1 – 8）。

（4）单击"更改"按钮，在弹出的对话框中输入新的计算机名。

（5）计算机重命名后必须重启才能生效。

**图 1 – 8  计算机重命名**

2）为系统管理员账号设置密码

安装 TCFS 时必须提供系统管理员账号和密码。因此，要求登录操作系统的当前用户必须为系统管理员，且必须为系统管理员账号设置密码。

3）安装 Java 并设置 Java 环境变量

在操作系统中必须安装 Java，才能运行许可证服务器安装包、Teamcenter 软件安装包。

Teamcenter 12 系统要求安装 1.8.0_331 版以上 JDK，并手动配置表 1-2 所示的 Java 环境变量。同计算机重命名操作相似，Java 环境变量也是在"系统属性"对话框中进行设置（图 1-9）。

表 1-2　Java 环境变量设置

| Java 环境变量 | 值 |
| --- | --- |
| JRE_HOME | 新建该 Java 环境变量，指向 JDK 安装目录，如：<br>D:\Siemens\Java\jdk1.8.0_331 |
| CLASS_PATH | 新建该 Java 环境变量，值设置为：<br>.;%JAVA_HOME%\lib\dt.jar;%JAVA_HOME%\lib\tools.jar; |
| JRE64_HOME | 新建该 Java 环境变量，指向 JDK 安装目录下的 jre 目录，如：<br>D:\Siemens\Java\jdk1.8.0_121\jre<br>该 Java 环境变量仅在 64 位操作系统中设置，32 位操作系统不需要 |
| Path | 操作系统中存在的 Java 环境变量，在现有值后加入下面的内容：<br>;%JAVA_HOME%\jre\bin;%JAVA_HOME%\bin; |

图 1-9　设置 Java 环境变量

表 1-2 中 Java 环境变量名称及设置值见随书资源中的"相关文档\Java 环境变量.txt"文件。

### 3. 准备安装软件和安装过程记录文件

在 VMware 的 Windows 7 64 位旗舰版虚拟机系统中安装，请提前将表 1 – 3 所示软件复制到虚拟机操作系统中。

表 1 – 3　所需软件

| 软件名称 | 版本 | 备注 |
| --- | --- | --- |
| JDK | 1. 8. 0_331 win x64 | 172 MB |
| Oracle | 11. 1. 0 win x64 | 2. 7 GB |
| Teamcenter | 12. 0. 0. 0 win x64 | 4. 73 GB |
| SPLM License Serve | v9. 1. 0_win_setup | 21. 1 MB |
| NX | 12. 0 win x64 | — |

Teamcenter 平台安装步骤多，一些后续安装项目配置与前期安装项目的设置相关（如计算机名称、操作系统用户名与密码、Oracle 数据库用户名和密码、数据库服务名、TC_Data 目录等），为了提高效率、减少出错，从培养良好操作习惯的角度，建议提前准备的一张空白电子表格，把及时记录安装过程中重要的设置参数。表 1 – 4 所示是本项目软件安装过程记录，用户可以参考表 1 – 4 进行相关设置。

表 1 – 4　安装过程记录表

| 设置项目 | 设置值 |
| --- | --- |
| 计算机名称 | TC2022 |
| 操作系统用户名/密码 | Administrator/TC2022 |
| Java 环境变量 | JRE_HOME = D：\Siemens\Java\jdk1. 8. 0_331<br>CLASS _ PATH = . ；% JAVA _ HOME% \ lib \ dt. jar；% JAVA _ HOME% \lib\tools. jar；<br>JRE64_HOME = D：\Siemens\Java\jdk1. 8. 0_331\jre<br>在 Path 变量原值后添加下面的内容：<br>；% JAVA_HOME% \jre\bin；% JAVA_HOME% \bin； |
| Oracle 安装包路径 | D：\SoftWare\Oracle11. 1. 0 |
| Oracle 主目录用户名/密码 | oracle/oracle |
| Oracle 安装基目录 | D：\Siemens\Oracle |
| Oracle 数据库安装目录 | D：\Siemens\Oracle\product\12. 2. 0\dbhome_1 |
| Oracle 数据库用户名/密码 | oracle/oracle |
| 监听程序名称/端口 | LISTENER/1521 |
| 数据库服务名<br>（Teamcenter database） | tc12 |

续表

| 设置项目 | 设置值 |
|---|---|
| Teamcenter 企业服务器安装目录（TC_Root） | D：\Siemens\Teamcenter\TCServer |
| Teamcenter 数据目录（TC_Data）路径 | D：\Siemens\Teamcenter\tcdata |
| 胖客户端安装路径 | D：\Siemens\Teamcenter\TCClient |

"安装过程记录表"见随书资源中的"相关文档\安装过程记录表.docx"文件。

### 1.3.2 Oracle 数据库安装与配置

安装 ORACLE
数据库

1. 安装 Oracle 数据库

（1）用系统管理员账号登录操作系统。

①确认登录用户为系统管理员，如 administrator。

②确认已经为当前系统管理员账户设置密码。

③确认计算机名称不包含特殊字符。

④确认已经安装 JDK 并设置 Java 环境变量。

（2）以系统管理员身份运行 Oracle 数据库安装程序。

①打开 Oracle 数据库安装软件所在目录。

②选择"Setup.exe"文件，单击鼠标右键，选择"以管理员身份运行"命令（图1-10）。

图 1-10 "以管理员身份运行"命令

由于 Windows UAC 机制（用户账户控制）会限制应用程序的权限，所以建议在进行后续其他安装操作时也使用图 1-8 所示方法以系统管理员身份运行安装文件。

（3）在"配置安全"对话框中，不要勾选"我希望通过 My Oracle Support 接收安全通知"复选框。

①取消勾选"我希望通过 My Oracle Support 接收安全通知"复选框。

②单击"下一步"按钮

③在"未指定 My Oracle Support 用户名/电子邮件地址"提示对话框中单击"是"按钮。

（4）在"选择安装选项"对话框中，单击"仅安装数据库软件"单选按钮（图 1-11）。

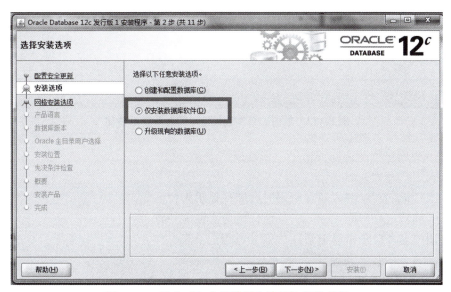

图 1-11　单击"仅安装数据库软件"单选按钮

①单击"仅安装数据库软件"单选按钮。

②单击"下一步"按钮。

（5）在"网络安装选项"对话框中，单击"单实例数据库安装"单选按钮（图 1-12）。

①单击"单实例数据库安装"单选按钮。

②单击"下一步"按钮。

（6）在"选择产品语言"对话框中，确保"所选语言"为"简体中文"和"英语"。

①检查"所选语言"是否包含"简体中文"和"英语"。

②添加新语言，在左侧"可用语言"列表中双击某项即可将该项添加到右侧"所选语言"中。

③单击"下一步"按钮。

（7）在"数据库版本"对话框中，单击"企业版（6.0 GB）（E）"单击按钮。

①单击"企业版（6.0 GB）（E）"单选按钮

②单击"下一步"按钮。

（8）在"指定 Oracle 主目录用户"对话框中，单击"创建新 Windows 用户"单选按钮，并指定用户名和密码。

图 1 – 12　单击"单实例数据库安装"单选按钮

①单击"创建新 Windows 用户"单选按钮。

②输入用户名"oracle"。

③输入"oracle"，输入口令密码时会屏蔽显示为"＊"号。

④输入确认口令密码"oracle"，请保持两次输入一致

⑤将用户名和口令密码记录在"安装过程记录表"中。

⑥单击"下一步"按钮。

（9）在"指定安装位置"对话框中指定 Oracle 基目录。

①将 Oracle 基目录指定为"D：\Siemens\Oracle"。

②软件位置自动设置为"D：\Siemens\Oracle\product\12. 2. 0\dbhome_1"。

③单击"下一步"按钮。

（10）安装程序进行"先决条件检查"，检查通过后方能安装。

①"先决条件检查"主要检查内存大小、空闲磁盘空间、网络配置等项目。

②硬件等客观原因导致检查不通过的，可以单击问题项的"忽略"按钮，然后单击
"下一步"按钮。

③若完全满足条件，直接进入下一个界面。

（11）在"概要"对话框（图 1 – 13）中单击"安装"按钮。

①"概要"对话框汇总了前述步骤的设置信息。

②用户可以单击相关设置项的"编辑"链接，再次更改设置。

③设置无误后单击"安装"按钮开始安装。

④在安装过程中，若弹出"Windows 安全警报"对话框，则一律单击"允许访问"按
钮（图 1 – 14）。

（12）提示安装完成，单击"关闭"按钮（图 1 – 15）。

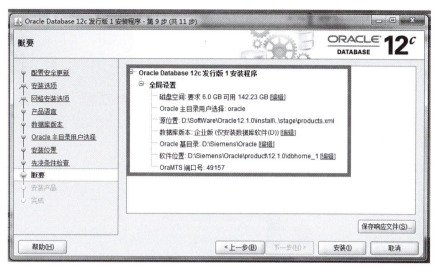

图 1 - 13 "概要" 对话框

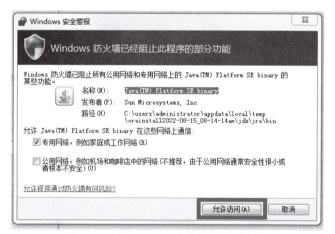

图 1 - 14 "Windows 安全警报" 对话框

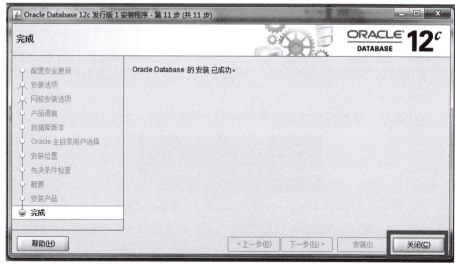

图 1 - 15 安装完成

**2. 配置 Oracle 监听程序**

（1）将 Net Manager 程序发送到桌面，在桌面创建程序快捷方式图标。

①单击系统"开始"按钮。

②选择"所有程序"选项，展开已安装的所有程序。

③展开"Oracle – OraDB12Home1"→"配置和移植工具"选项。

④用鼠标右键单击"Net Manager"选项，选择"发送到"→"桌面快捷方式"命令（图 1 – 16）。

配置 ORACLE
监听程序

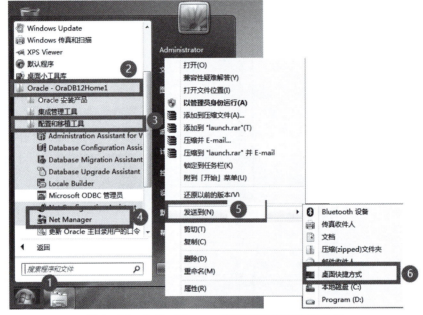

**图 1 – 16　为 Net Manager 程序创建桌面快捷方式**

（2）用同样的方法，将 Database Configuration Assistant 和命令提示符程序发送到桌面，在桌面创建程序快捷方式。

①Database Configuration Assistant 程序快捷方式的创建路径为："开始"→"所有程序"→"Oracle – OraDB12Home1"→"配置和移植工具"→"Database Configuration Assistant"。

②命令提示符程序快捷方式的创建路径为："开始"→"所有程序"→"附件"→"命令提示符"。

③3 个应用程序在桌面的快捷方式图标如图 1 – 17 所示。

**图 1 – 17　3 个应用程序在桌面的快捷方式图标**

（3）以系统管理员身份运行 Net Manager。

①选择 Net Manager 程序快捷方式图标。

②单击鼠标右键，选择"以管理员身份运行"命令。

（4）创建一个监听程序。

①在"Net Manager"窗口单击展开右侧的"Oracle 配置"节点。

②选择"监听程序"节点。

③选择"编辑"→"创建"命令（图 1 – 18）。

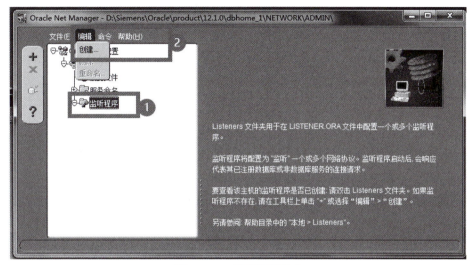

图 1 – 18　创建监听程序

④在弹出的对话框中，不要修改默认的监听程序名称"LISTENER"，单击"确定"按钮（图 1 – 19）。

图 1 – 19　"选择监听程序名称"对话框

⑤将新创建的监听程序添加到左侧列表的"监听程序"节点下方。

（5）配置监听位置。

①选择"监听程序"→"LISTENER"节点。

②单击右侧的"添加地址"按钮。

③监听位置按默认推荐设置，"主机"为 Oracle 数据库机器名，"端口"为"1521"（图 1 – 20）。

（6）保存监听设置。

①单击"Net Manger"窗口的"文件"菜单。

②选择"保存网络配置"命令。

③关闭"Net Manger"窗口。

（7）启动监听程序

①在桌面上，选择命令提示符快捷方式图标。

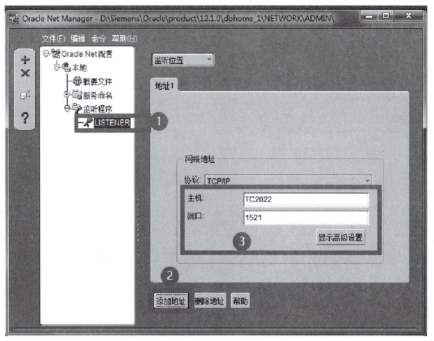

图 1 – 20　配置监听位置

②单击鼠标右键，选择"以管理员身份运行"命令。

③在"命令提示符"窗口输入以下两行命令（图 1 – 21）：

图 1 – 21　输入命令启动监听程序

cd ∕d D：\Siemens\Oracle\product\12. 1. 0\dbhome_1\BIN

lsnrctl start

启动监听程序的命令容易输入错误，用户可在随书资源中的"相关文档\创建 Oracle 监听命令 . txt"文件中直接复制。

④关闭"命令提示符"窗口。

（8）将监听程序设置为开机自动运行。

①在桌面上，选择"我的电脑"图标。

②单击鼠标右键，选择"管理"选项。

③在"计算机管理"窗口，展开左侧"服务和应用程序"节点。

④选择"服务"节点。

⑤在右侧服务列表中找到"OracleOraDB12Home1TNSListener"服务。

⑥双击"OracleOraDB12Home1TNSListener"服务，打开服务配置对话框（图 1 - 22）。

⑦将"启动类型"设置为"自动"。

⑧单击"确定"按钮。

⑨关闭"计算机管理"窗口。

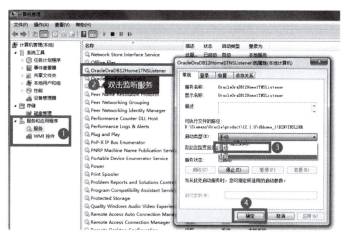

图 1 - 22　将监听程序设置为开机自动运行

### 3. 创建数据库

数据库是组织、存储和管理数据的仓库，一个数据库软件可以为多个系统提供数据库管理服务。每个系统的数据内容、表结构定义和数据访问规则都不同，因此每个系统都定义、创建各自的数据库，并在数据库软件安装包中提供数据库副本或建库脚本。

安装 **Teamcenter** 数据库

前面已经安装了数据库软件，创建了监听程序，但目前 Oracle 数据库中还没有任何数据内容，需要使用 Teamcenter 系统的数据库模板文件创建数据库。

（1）将 Teamcenter 系统的数据库模板文件复制到 Oracle 建库脚本文件夹中（图 1 - 23）。

①打开 Teamcenter 安装目录下的数据库模板文件夹。

该文件夹路径为：Teamcenter 安装包文件夹\ tc\db_scripts\oracle。

本项目中该路径完整地址为：D：\SoftWare\Tc12. 0. 0. 0_wntx64\tc\db_scripts\oracle。

②选择数据库模板文件夹中的所有文件，按"Ctrl + C"组合键，复制所有文件。

③打开 Oracle 数据库安装目录下的建库脚本文件夹。

该文件夹路径为：Oracle 基目录\product\11.1.0\dbhome_1\assistants\dbca\templates。

本项目中该路径完整地址为：D:\Siemens\Oracle\product\12.1.0\dbhome_1\assistants\dbca\templates。

④按"Ctrl + V"组合键，粘贴已复制的所有文件到该文件夹中。

图 1 - 23　复制数据库模板文件

（2）以系统管理员身份运行 Database Configuration Assistant。

①选择 Database Configuration Assistant 程序快捷方式图标。

②单击鼠标右键，选择"以管理员身份运行"命令。

（3）在"数据库操作"对话框中，单击"创建数据库"单选按钮。

（4）指定创建模式。

①单击"高级模式"单选按钮（图 1 - 24）。

②单击"下一步"按钮。

图 1 - 24　单击"高级模式"单选按钮

（5）选择数据库模板。

①选择"Teamcenter Oracle"模板（图1–25）。

②单击"下一步"按钮。

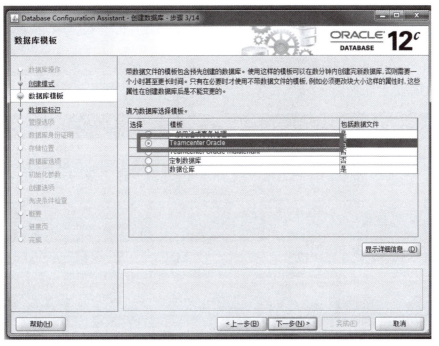

图1-25 选择"Teamcenter Oracle"模板

（6）指定数据库标识（图1–26）。

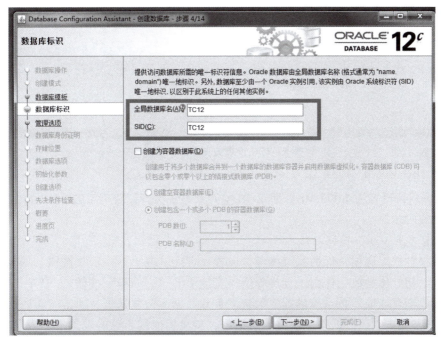

图1-26 指定数据库标识

①"全局数据库名"指定为"TC12"。

②"SID"为"TC12"，自动设置为与数据库名同名。

③单击"下一步"按钮。

（7）EM Database Express 端口保留系统推荐值，直接单击"下一步"按钮。

（8）监听程序保留系统自识别的"LISTENER"，直接单击"下一步"按钮。

（9）设置数据库登录信息（图1-27）。

①单击"所有帐户使用同一管理口令"单选按钮，设置"口令"为"oracle"。

②"Oracle 主目录用户口令"设置为"oracle"。

**图1-27 设置数据库登录信息**

（10）指定快速恢复区大小（图1-28）。

①系统默认设置为4 096 MB，即4 GB 空间。系统推荐设置为1 920 MB 的3 倍，这里设置为5 760 MB。

②单击"下一步"按钮。

（11）"数据库选项"保留系统推荐值设置，直接单击"下一步"按钮。

（12）"初始化参数"保留系统推荐值，直接单击"下一步"按钮。

（13）"创建选项"按系统推荐值勾选"创建数据库"复选框，单击"下一步"按钮。

（14）出现"创建数据库-概要"对话框，会显示前续步骤的设置汇总信息，检查无误后，单击"完成"按钮。

图 1 – 28　指定快速恢复区大小

（15）数据库创建完成（图 1 – 29），单击"关闭"按钮。

图 1 – 29　数据库创建完成

（16）测试数据库连接（图 1 – 30）。

①在桌面上双击 Net Manger 程序快捷方式图标。

②展开右侧配置列表，选择"服务命名"→"tc12"节点。

③选择"命令"→"测试服务"命令。

④单击"更改登录"按钮。

⑤输入 Teamcenter 数据库用户名和密码（均为"infodba"），然后单击"确定"按钮。

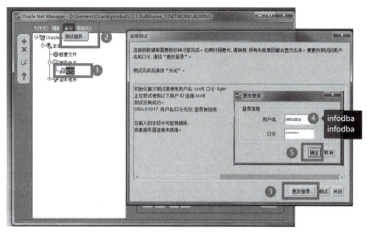

图1-30　测试数据库连接

提醒：此处的用户名和密码是 Teamcenter 系统内置超级系统管理员账号和密码，它是由 Teamcenter 建库模板内定的用户账号和密码，并不是前续步骤所设置的任何账号和密码。

⑥单击"测试"按钮，显示连接测试成功，如图1-31所示。

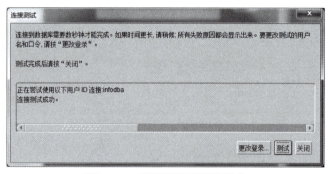

图1-31　数据库连接测试成功

### 1.3.3　安装 Teamcener 企业服务器

**1. 安装许可证服务器**

（1）安装前请确认以下内容。

①确认已经安装 JDK。

②确认已经设置 Java 环境变量。

不满足上述两个条件的，将无法安装许可证服务器及后续的 Teamcenter 软件。

（2）以系统管理员身份运行许可证服务器软件安装程序。

选择"SPLMLicenseServer_v9.1.0_win_setup.exe"文件，单击鼠标右键，选择"以管理员身份运行"命令。

（3）单击"简体中文"单选按钮，单击"确定"按钮。

安装许可证
服务器

（4）在欢迎界面，单击"前进＞"按钮。

（5）指定安装目录（图1－32）。

①指定"安装目录"为"D：\Siemens\PLMLicenseServer"。

②单击"前进＞"按钮。

图1－32　指定安装目录

（6）指定许可证文件（图1－33）。

①指定许可证文件从软件销售商处获取。

②单击"前进＞"按钮。

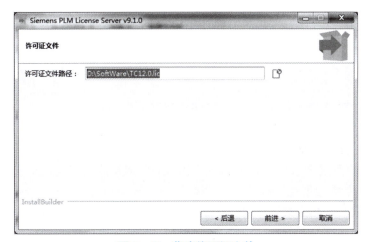

图1－33　指定许可证文件

（7）"预安装汇总"界面显示了前续步骤设置项目汇总信息（图1－34）。

①检查设置项目。

②确认所有设置无误后，单击"前进＞"按钮。

（8）提示安装成功（图1－35）。

①安装结束后，弹出提示安装对话框。

②单击"确定"按钮。

图 1 – 34　"预安装汇总"界面

图 1 – 35　提示安装成功

（9）启动/停止许可证服务器。

①将许可证服务管理器程序 lmtools 发送到桌面创建快捷方式（图 1 – 36）。

lmtools 快捷方式的创建路径为："开始"→"所有程序"→"Siemens PLM License Server"→"配置和移植工具"→"lmtools"。

②在桌面双击运行 lmtools，弹出 lmtools 窗口（图 1 – 37）。

③在 lmtools 窗口，切换到"Start/Stop/Reread"选项卡。

④许可证服务器在安装完成后已自动启动，单击"Stop Server"按钮停止服务。

观察 lmtools 窗口最下面的状态栏文字，当显示为"Stopping Server"时，代表已许可证服务器已经停止。

⑤单击"Start Server"按钮将启动许可证服务器。

观察 lmtools 窗口最下面的状态栏文字，当显示为"Server Start Successful"时，代表已许可证服务器已经成功启动。

⑥关闭 lmtools 窗口。

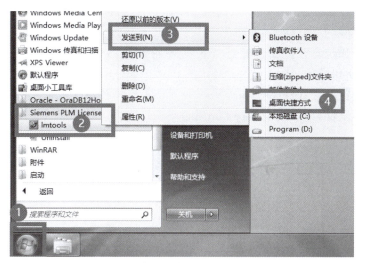

图1-36 为许可证服务器管理程序 lmtools 创建快捷方式

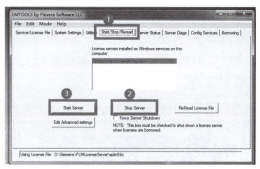

图1-37 lmtools 窗口

### 2. 安装 Teamcenter 企业服务器

（1）用系统管理员账号登录操作系统。

①确认登录用户为系统管理员，如 administrator。

②确认已经为当前系统管理员账号设置密码。

③确认计算机名称不包含特殊字符。

④请确认已经安装 JDK 并设置 Java 环境变量。

安装 Teamcenter
企业服务器

（2）以系统管理员身份运行 Teamcenter 环境管理器（Teamcenter Environment Manager，TEM）。

①打开 Teamcenter 安装软件所在目录。

②选择"tem. bat"文件，单击鼠标右键，选择"以管理员身份运行"命令。

（3）安装程序语言，选择"简体中文"选项，单击"确定"按钮（图1-38）。

图1-38 安装程序语言

（4）在欢迎界面，保持系统默认选项，单击"下一步"按钮。

（5）在"安装/升级选项"界面，单击"安装"按钮。

（6）在"介质位置"界面，单击"下一步"按钮。

（7）指定 ID 和描述（图 1 - 39）。

① "ID"设置为"TCServer"（提示：ID 不能有空格和特殊字符）。

② "描述"设置为"Teamcenter Corporate Server"。

**图 1 - 39　指定 ID 和描述**

（8）选择解决方案（图 1 - 40）。

勾选"企业服务器"复选框。

备注：互联网公开的一些资料对比都勾选"卷服务器"复选框，实际上"企业服务器"解决方案已经包含"卷服务器"。

**图 1 - 40　选择解决方案**

（9）选择功能部件，指定安装目录（图 1 - 41）。

①勾选"Teamcenter 基础"复选框。

②展开"Teamcenter Integration for NX"节点，勾选"NX 零件族分类集成"和"NX Foundation"复选框（建议选择）。

③指定安装目录，可自行规划合适的路径，这里设置为"D：\Siemens\Teamcenter\TC-Server"。

（10）在"密钥管理器配置"界面，直接单击"下一步"按钮。

（11）在"文件系统缓存"界面，直接单击"下一步"按钮。

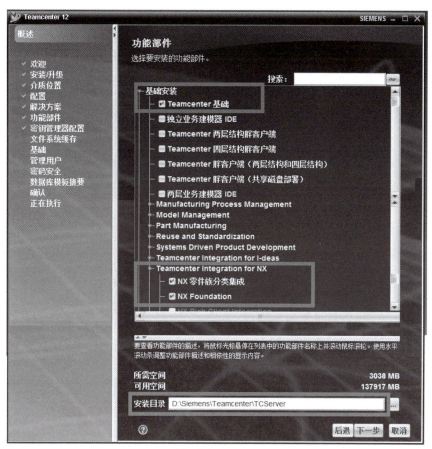

**图1-41 选择功能部件，指定安装目录**

（12）输入操作系统用户名和密码（图1-42）。

**图1-42 指定操作系统用户名和密码**

①输入前续准备工作中设置的系统管理员密码"TC2022"。

②单击"下一步"按钮。

（13）选择基础安装的类型（图1-43）。

①单击"填充数据库，新建数据目录"单选按钮。由于在安装 Oracle 时已经创建了 Teamcenter 数据库，所以选择此项。

②单击"下一步"按钮。

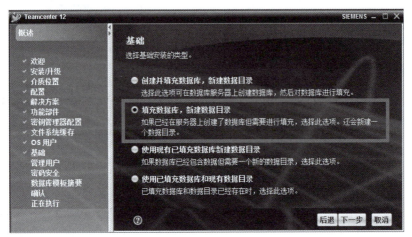

**图1-43　选择基础安装的类型**

（14）配置基础数据库（图1-44）。

①"数据库服务器"选择"Oracle"。

②"主机"指定为 Oracle 数据库服务器的计算机名称"TC2022"。

③"服务"指定为 Teamcenter 数据库名称"tc12"。

④指定监听程序的端口为"1521"。

⑤指定 Teamcenter 系统管理员用户名为"infodba"。

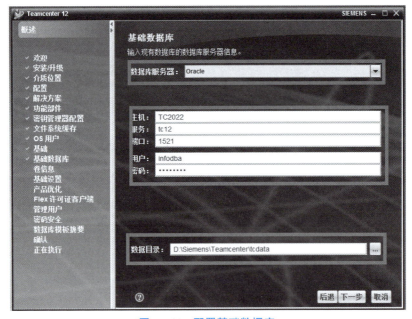

**图1-44　配置基础数据库**

⑥指定 Teamcenter 系统管理员密码为"infodba"。

⑦指定数据目录,即 TC_data 环境变量的目录。可自行指定,此处输入:"D:\Siemens\Teamcenter\tcdata"

⑧单击"下一步"按钮。

(15)配置卷(图 1-45)。

①"名称"为系统推荐名称"volume"。

②"目录"可自行指定,这里为"D:\Siemens\Teamcenter\volume"。

③单击"下一步"按钮。

图 1-45　配置卷

(16)临时卷按系统推荐设置,单击"下一步"按钮。

(17)产品优化计划按系统推荐设置,单击"下一步"按钮。

(18)Flex 许可证客户端接受系统自动检测的设置值(图 1-46),单击"下一步"按钮。

图 1-46　指定 Flex 许可证客户端

(19)指定 Teamcenter 系统管理员信息(图 1-47)。

图 1-47　指定 Teamcenter 系统管理员信息

①用户：infodba。

②密码：infodba。

③单击"下一步"按钮。

（20）密码安全接受系统推荐设置，单击"下一步"按钮。

（21）数据库模板摘要接受系统推荐设置，单击"下一步"按钮。

（22）安装设置完成，显示所有配置信息（图 1－48），确认设置无误后，单击"开始"按钮。

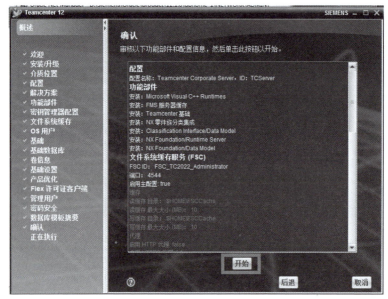

**图 1－48　配置信息汇总**

（23）单击"显示详细信息"按钮，会实时显示安装进度（图 1－49）。

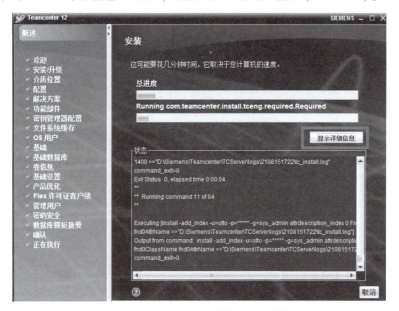

**图 1－49　单击"显示详细信息"按钮**

（24）安装成功。

①安装时间较长，Teamcenter 企业服务器安装成功界面如图 1 - 50 所示。

②单击"关闭"按钮。

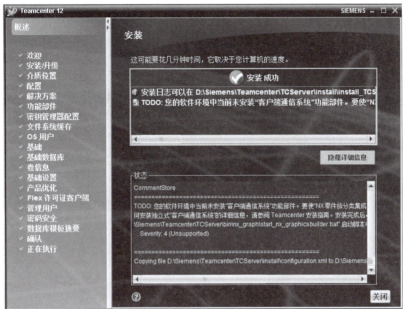

图 1 - 50　Teamcenter 企业服务器安装成功界面

### 1.3.4　安装 2 层体系结构胖客户端

（1）以系统管理员身份运行 Teamcenter 安装软件。

①打开 Teamcenter 安装软件所在目录。

②选择"tem. bat"文件，单击鼠标右键，选择"以管理员身份运行"命令。

（2）安装语言选择"简体中文"，单击"确定"按钮。

（3）在"欢迎"界面，保持系统默认选项，单击"下一步"按钮。

（4）在"安装/升级"界面，单击"安装"按钮。

（5）在"介质位置"界面，单击"下一步"按钮。

（6）指定 ID 和描述（图 1 - 51）。

①"ID"设置为"2TierRichClient"。

②"描述"设置为"Two Tier Rich Client"。

图 1 - 51　指定 ID 和描述

安装 2 层体系
结构胖客户端

（7）选择解决方案（图1−52）。

勾选"两层结构胖客户端"复选框。

图1−52　选择解决方案

（8）选择功能部件，指定安装目录（图1−53）。

①勾选"Teamcenter两层结构胖客户端"复选框。

②指定安装目录，可自行规划合适的路径，这里设置为"D：\Siemens\Teamcenter\TCClient"。

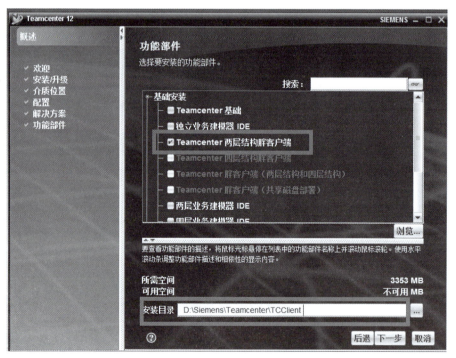

图1−53　选择功能部件，指定安装目录

（9）在"密钥管理器配置"界面，直接单击"下一步"按钮。

（10）在"文件客户端缓存（FCC）"界面，直接单击"下一步"按钮。

(11) 配置 FCC 父项（图 1 – 54）。

①在"主机"列，输入 FSC 服务器计算机名称"TC2022"。

②单击"下一步"按钮。

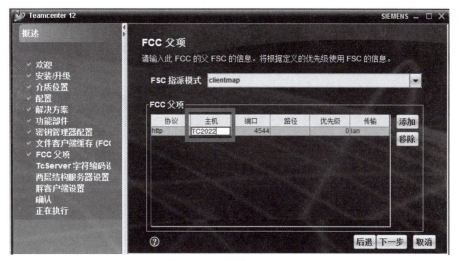

图 1 – 54 配置 FCC 父项

(12) 设置字符编码（图 1 – 55）。

①"规范名称"为"MS936"。

②"描述"为"Windows Simplified Chinese"。

③单击"下一步"按钮。

图 1 – 55 设置字符编码

(13) 指定 TC_Data 目录路径（图 1 – 56）。

①单击"添加"按钮。

②单击"浏览"按钮，导航到"D：\Siemens\Teamcenter\tcdata"，然后单击"打开"按钮。

③单击"确定"按钮。

④单击"下一步"按钮。

(14) 在"胖客户端设置"界面（不勾选"启用联机帮助"复选框）保留系统推荐设置，直接单击"下一步"按钮。

项目 1 Teamcenter系统架构与安装部署

图 1 – 56　指定 TC_Data 目录路径

（15）开始安装（图 1 – 57）。

①汇总显示前续设置信息。

②确认无误后单击"开始"按钮。

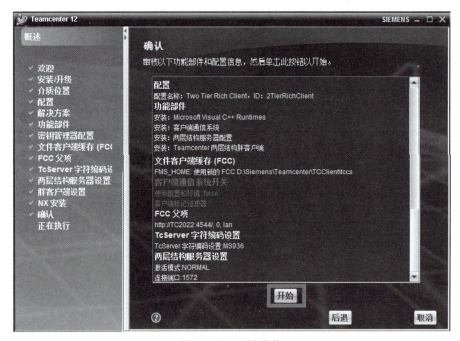

图 1 – 57　开始安装

（16）安装成功

①安装时间稍长，2 层体系结构胖客户端安装成功界面如图 1 – 58 所示。

②单击"关闭"按钮。

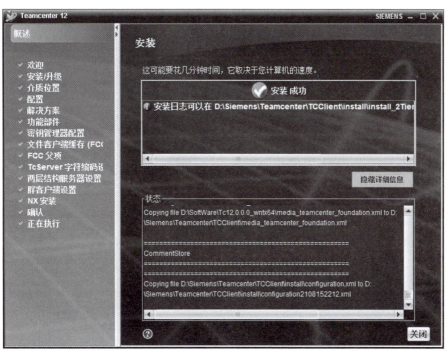

图1-58　2层体系结构胖客户端安装成功界面

（17）Teamcenter启动2层体系结构胖客户端。

①双击桌面上的"Teamcenter 12"快捷方式图标。

②在弹出的"Windows安全警报"对话框中，单击"允许访问"按钮（图1-59）。

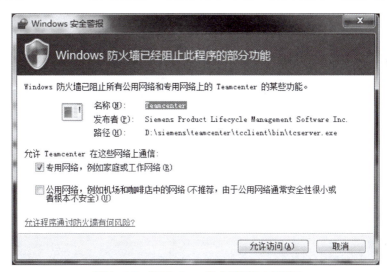

图1-59　"Windows安全警报"对话框

③在打开登录窗口的同时，会打开一个"TAO ImR"窗口（图1-60），该窗口在客户端运行期间不能关闭。

④单击"TAO ImR"窗口的最小化按钮，将其隐藏。

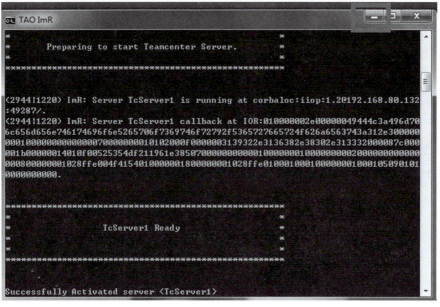

图 1 - 60 "TAO ImR" 窗口

（18）输入用户账号密码（图 1 - 61）。

①输入账号"infodba"。

②输入密码"infodba"。

③单击"登录"按钮。

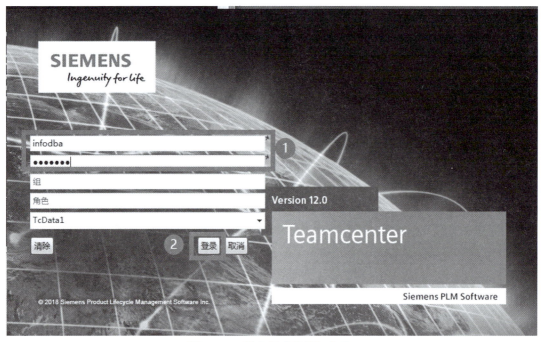

图 1 - 61 输入用户账号和密码

（19）进入 Teamcenter 系统（图 1-62）。

图 1-62　进入 Teamcenter 系统

## 1.4　任务评价

项目 1 任务评价见表 1-5。

表 1-5　项目 1 任务评价

| 评价项目 | 分值 | 得分 | |
| --- | --- | --- | --- |
| | | 自评分 | 师评分 |
| 熟悉 Teamcenter 2 层体系结构、4 层体系结构和文件管理系统 | 10 | | |
| 熟悉 Teamcenter 环境管理器（TEM）的用途 | 5 | | |
| 掌握 Oracle 数据库的安装和配置方法 | 20 | | |
| 掌握 Teamcenter 数据库创建操作 | 20 | | |
| 掌握 Teamcenter 企业服务器的安装方法 | 20 | | |
| 掌握 Teamcenter 2 层体系结构胖客户端的安装方法 | 10 | | |
| 学习认真，按时出勤 | 10 | | |
| 具有团队合作意识和协同工作能力 | 5 | | |
| 总计得分 | | | |

## 【知识目标】

- 熟悉客户端界面。
- 熟悉 Teamcenter 的基本操作。
- 理解 Teamcenter 的产品数据模型。
- 掌握使用 My Teamcenter 应用程序组织和管理产品数据的方法。

## 【技能目标】

- 使用 Teamcenter 客户端用户界面执行基本用户任务。
- 使用 Teamcenter 创建、管理零组件和零组件版本。
- 在 Teamcenter 中创建、组织、管理产品数据。

## 【职业素养目标】

- 具有认真、细致的工作态度。
- 培养自主探究的工作精神。

## 2.1 项目描述

### 2.1.1 项目内容

在本项目中，完成车床项目的产品数据组织。要求完成任务如下：①启动并登录 Teamcenter，打开透视图，启动相应的应用程序；②完成一个产品数据对象相关操作的专项练习；③在 Teamcenter 中组织和管理产品数据。

### 2.1.2 项目实施步骤

本项目的主要实施步骤如下。

（1）Teamcenter 系统基本操作练习。启动 Teamcenter 客户端[①]，在客户端界面打开透视图，启动相应的应用程序，自定义导览窗格。

---

① 指胖客户端，余同。

（2）Teamcenter 产品数据对象基本操作练习。练习产品数据对象的新建、复制、剪切、粘贴、删除等基本操作，理解产品数据对象的概念、用途及其相互之间的关系。

（3）Teamcenter 中车床项目产品数据的组织。

下面将上述每一个步骤安排为一个小节内容实施。

本项目练习所需模型文件可在随书资源中的"车床主轴箱三维模型（70 个 Part）"文件夹中找到。

## 2.2 知识准备

把与产品有关的各种数据（包括设计、工艺、分析、加工等数据和文档）有机地组织起来（并考虑到产品对象的版本），这个过程称为产品数据组织。要对产品数据进行组织，就要建立产品数据组织的模型。

### 2.2.1 零组件（Item）

Teamcenter 系统提出的零组件思想，将产品、零部件抽象为不同类型的零组件。零组件不分大小，即汽车是一个零组件，发动机、底盘，甚至一个标准件都是一个零组件，对于每个零组件对象，采用版本对其技术状态的变更进行标识，以保留对技术状态历史的可追溯性。根据零组件思想，产品数字化模型如图 2-1 所示。产品数字化模型包含的信息有版本、特征数据、设计文档、制造文档、参考资料、产品结构等，用来提供产品的技术视图和客户视图。

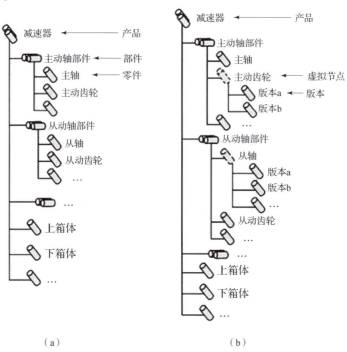

（a） （b）

**图 2-1 产品数字化模型**
（a）无虚拟节点结构；（b）有虚拟节点结构

### 2.2.2　零组件版本（Item Revision）

每个零组件 Item 都有至少一个版本（Item Revision）。在 Teamcenter 中，系统利用版本来记录零组件的历史演变（更改情况），并通过版本的追踪来保证用户取用的数据是最新、最有效的。每当产品归档，即生成一个新版本。没有归档以前的图纸修改不作为一个版本。或者说，新版本的产生一定伴随着工程更改的发生。Teamcenter 系统保证零组件与其版本关联在一起，但两者的特性可以不同，如 Owner 可以不同。

零组件定义的属性包括：Item ID（必须唯一，流水码）、Revision ID、Item Name、Unit of Measure（Option）等。

### 2.2.3　Item Master/Item Revision Master

Teamcenter 系统使用表单（Form）将各种属性信息数据直接存入关系型数据库中。与零组件直接关联的表单是 Item Master，两者同生同灭；与零组件版本直接关联的表单是 Item Revision Master，两者同生同灭。Teamcenter 系统提供了零组件和零组件版本预先定义的属性和用户自定义属性的方法，如图 2 - 2 所示。

图 2 - 2　Teamcenter 系统中的 Item Master/Item Revision Master

### 2.2.4　数据集（DataSet）

每个产品数据对象均有一些具体的数据文件来描述其不同方面的详细信息，如设计模型、计算说明、设计要求等。这些数据文件是由不同的应用软件产生的（如 CAD 软件、Office 软件等），具有不同的表现形式（如文本文件、图形文件等），如图 2 - 3 所示。

Teamcenter 的数据集提供了管理各类应用软件所产生的文件的手段。不管是技术说明文件或 CAD/CAM/CAE 系统产生的图形数据文件，都可以用原来的形式或点阵形式或其他任何计算机形式的文件存放在 Teamcenter 系统中。

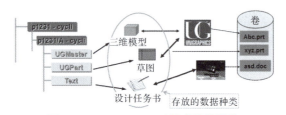

图 2 - 3　Teamcenter 系统中的数据集

数据集是用来管理（存放）应用软件生成的数据（文件）的一种对象，对应不同类型（格式）的数据（文件），Teamcenter 提供 Dataset Type 与之对应。常用的 DataSet Type 如图 2-4 所示。

数据集可与多种工具（Tool）关联（包含），一种工具对应相关的应用软件，意味着数据集（某种文件格式）可以用多种软件打开编辑。一个数据集中可以包含一个或多个文件对象（IMANFile），这些文件称为命名引用（Named Reference），如图 2-5 所示，它们存放在卷中。引用（Reference）定义了数据集所管理的文件格式，包括文件形式、扩展名等。

- UGMAFTER—UG 主模型
- UGPART—UG 非主模型，如图纸
- MSWord—Word 文档
- MSExcel—Excel 文档
- MSPowerPoint—PowerPoint 文档
- DirectModel—可视化文档，JT 格式
- Text—文本文件

图 2-4　常用的 DataSet Type

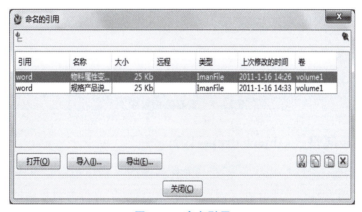

图 2-5　命名引用

"新建数据集"对话框如图 2-6 所示，其中数据集的定义要素如下。

（1）名称，可以采用两种方式：简单方式——名称（不唯一）；复杂方式——ID/版本/名称（唯一）。

（2）所用工具（一般采用默认设置，称为首选工具）。

（3）导入（一般文件均有模板，创建时需要导入）。

图 2-6　"新建数据集"对话框

### 2.2.5　数据集版次（Dataset Version）

数据集版次用于跟踪数据改动的情况，可以查看以前的数据集版次，Teamcenter 系统中默认的数据集最大清理版次是 3，如图 2-7 所示。

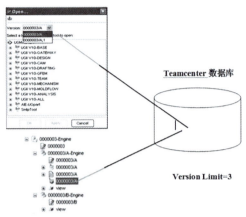

图 2-7　查看数据集版次

### 2.2.6　对象属性（Object Property）

Teamcenter 中每一种 Workspace 对象，自其创建后，系统都对它进行了记录并保存了它的信息，包括 ID、名称、所有者、创建时间等，这些信息称为对象属性。对象属性可以随后进行编辑。对象属性显示在 Portal 界面右侧面板的列中，用户可以自行调整列的位置，如图 2-8 所示。

| 对象 | 类型 | 关系 | 所有者 | 组 ID | 上次修改日期 | 已签出 | 发放状态 |
|------|------|------|--------|-------|-------------|--------|---------|
| 000012 | 零组件主属性表 | 零组件主属性... | HSR ... | dba | 2011-1-16 13... | | |
| 000012/A;1-零件 | 零组件版本 | 版本 | HSR ... | dba | 2011-1-16 13... | | |
| 000012 | MSExcel | 引用 | HSR ... | dba | 2011-1-16 14... | | |
| 000012 | MSPowerPoint | 引用 | HSR ... | dba | 2011-1-16 14... | | |
| 000012 | MSWord | 引用 | HSR ... | dba | 2011-1-16 14... | ✔ | |
| 000012 | UGPART | 引用 | HSR ... | dba | 2011-1-16 14... | | |

图 2-8　Teamcenter 系统中的对象属性

### 2.2.7　文件夹（Folder）

文件夹是一种数据组织、管理的对象，可以使用文件夹来建立相关数据之间的挂靠关系，也可以通过建立上下层次的文件夹结构来分类、组织各种相关数据。Teamcenter 为每个用户提供了主文件夹，用户使用它组织及共享个人数据。主文件夹包含了"Home"（根文件夹）、"MailBox"（邮箱）、"NewStuff"（临时文件夹）等文件夹。用户一般在"Home"文件夹中建立自己的文件夹，同时把共享的数据也放在 Home 文件夹中，如图 2-9 所示。

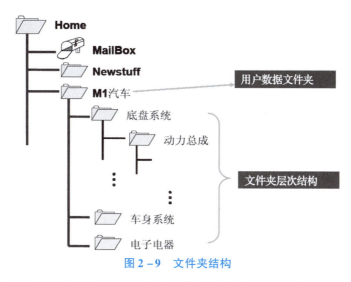

图 2 - 9　文件夹结构

"新建文件夹"对话框如图 2 - 10 所示，其中文件夹定义要素包括"名称""描述"。创建文件夹时要注意："名称"允许重复，应确认文件夹创建的放置位置。

图 2 - 10　"新建文件夹"对话框

### 2.2.8　零组件/零组件版本与产品数据的关系

产品通常需要使用许多种/条信息，这些信息从不同方面描述零组件或零组件版本，或与零组件（Item）或零组件版本相关。Teamcenter 使用关系（Relation）建立（描述）这些关联（关系）。主要的关系包括：规格关系（Specification）、需求关系（Requirement）、表示关系（Manifestation）、引用关系（Reference）。

#### 1. 规格关系

规格关系是用来满足需求的详细方法、设计、作业流程和过程，只能用于零组件版本，而不能用于零组件。原因在于，尽管对产品（零组件）的需求可以保持恒定，但是实际的制造方法、设计、作业流程会因产品型号不同而大大改变，见表 2 - 1。

#### 2. 需求关系

需求关系是零组件或零组件版本必须满足的准则。需求关系往往不会指定满足该需求的方式。例如，需求关系可能指定零组件版本的最大权重，但不会指定如何构造它，见表 2 - 1。

### 3. 表示关系

表示关系是在某特殊时刻零组件或零组件版本的某特殊方面的未定义的快照。例如，"数值控制"（NC）程序文件就是一个普通表示。人们认为它表示零组件版本的某个方面（如加工信息），而且，只有该零组件版本未更改时，此信息才是准确的。零组件版本一旦改变，NC 程序文件就可能不再准确，且可能需要重新创建，见表 2 - 1。

### 4. 引用关系

引用关系描述工作区对象与零组件或零组件版本的一般的未定义关系。可将此关系类型当作杂项关系类型。引用关系的典型示例为白皮书、阶段报告、商业条款、顾客来信、实验室注意事项等，见表 2 - 1。

**表 2 - 1　零组件/零组件版本与产品数据的关系**

| 对象 | 类型 | 关系 |
|---|---|---|
| 🗳 **000008/A** | UGMASTER | 规格关系 |
| 📄 **000008/A** | Word | 需求关系 |
|  000010-A-dwg1 | UGPART | 表示关系 |
| 📝 Field Report 001 | Text | 引用关系 |

## 2.3　项目实施

Teamcenter 的启动、登录与常见问题处理

### 2.3.1　Teamcenter 系统基本操作

#### 1. 启动与登录

1）启动客户端

已安装 Teamcenter 2 层客户端，且计算机满足运行的配置条件，启动 Teamcenter 客户端有如下两种方法（图 2 - 11）。

**图 2 - 11　启动 Teamcenter 客户端的两种方法**

（1）使用桌面快捷方式启动。

双击桌面上的 Teamcenter 客户端快捷方式图标。

（2）使用"开始"菜单启动。

选择"开始"→"所有程序"→"Teamcenter 12"→"Teamcenter 12"选项，启动

Teamcenter 客户端。

执行上述方法之一的操作后，会打开两个窗口，一个是"TAO ImR"命令行窗口，一个是 Teamcenter 登录窗口。

注意，"TAO ImR"窗口用于将 Teamcenter 客户端连接到 Teamcenter 服务器，关闭"TAO ImR"窗口将断开与 Teamcenter 服务器的连接，因此该窗口不能关闭，只能把它最小化。

2）用户登录

在登录界面，输入用户 ID、密码，组、角色可以不指定，这时会用默认组和默认角色登录（图 2 – 12）。服务器为胖客户端会话提供数据库访问权，这是在安装客户端时配置好的。

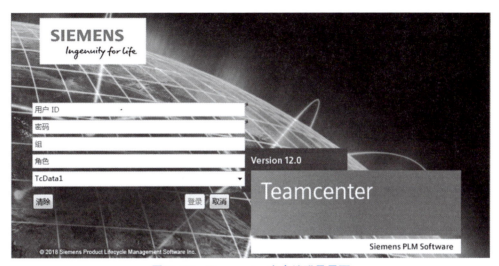

图 2 – 12　Teamcenter 客户端登录界面

3）客户端启动和登录常见问题

（1）提示客户端缓存为空（图 2 – 13）。

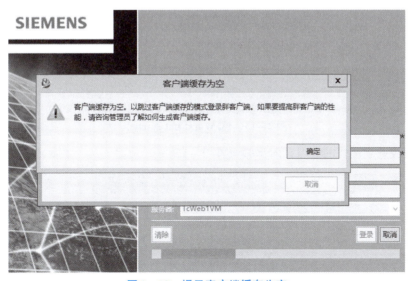

图 2 – 13　提示客户端缓存为空

这个错误在多用户共用一台计算机登录，或系统管理员在使用 BMIDE 配置和部署模板后偶尔出现，解决方法如下。

①选择"开始"→"所有程序"→"Teamcenter 12"→"tc12_TCServer Command Prompt"选项，启动 Teacmenter 命令行窗口。

②输入下面的命令，按 Enter 键执行命令（图 2 - 14）：

generate_client_meta_cache - u = infodba - p = infodba - g = dba generate all

图 2 - 14　执行命令清空缓存

（2）POM has not started（图 2 - 15）。

出现这个问题，大多因为数据库出错，如数据库服务器没有启动、连接过期，或者默认连接的实例不是 Teamcenter 数据库。

可以通过 Oracle 的 Net Manager 程序测试数据库能否连接，根据测试情况做进一步的排查和处理。

图 2 - 15　**POM has not started**

（3）查找选定模块的许可证时出错（图 2 - 16）。

图 2 - 16　查找选定模块的许可证时出错

很明显这是因为许可证服务器出错，如许可证服务器没有正常运行、许可证过期，或不能连接到许可证服务器。可以尝试重新启动许可证服务器，也可找系统管理员或软件供应商解决。

### 2. Teamcenter 客户端界面与布局操作

1）Teamcenter 客户端界面组成

Teamcenter 客户端界面是标准的 Windows 程序窗体，具有标准的菜单栏与工具栏，其中的选项根据当前活动透视图的不同而有所改变。可以将光标放在胖客户端界面工具栏按钮上以显示工具提示描述。Teamcenter 客户端界面组成说明如图 2-17 和表 2-2 所示。

Teamcenter 客户端界面与布局操作

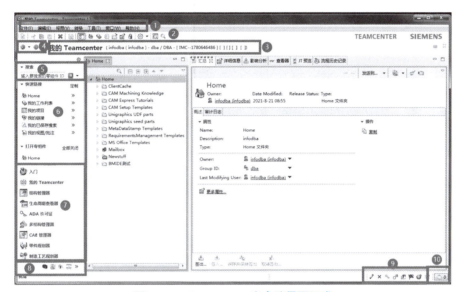

图 2-17　Teamcenter 客户端界面组成

表 2-2　Teamcenter 客户端界面组成说明

| 区域 | 名称 | 说明 |
| --- | --- | --- |
| 1 | 菜单栏 | 每个应用模块（应用程序、透视图）都提供一些常用菜单命令及特定于该透视图的其他菜单命令 |
| 2 | 工具栏 | 各透视图提供了特定于该透视图的某些常用工具 |
| 3 | 应用程序横条 | 应用程序横条显示活动透视图的名称，并列出当前的用户与角色。可以单击该用户与角色以显示用户设置对话框，如果用户拥有多个角色，则可以在其中更改当前角色 |
| 4 | 后退与前进按钮 | 后退与前进按钮可供用户在加载的 Teamcenter 透视图之间进行切换。按钮旁边的小箭头可用于从当前加载的透视图列表中进行选择 |
| 5 | 快速搜索框 | 快速搜索框使用数据集、零组件 ID、零组件名称、关键字搜索和高级搜索功能进行预定义的快速搜索 |

续表

| 区域 | 名称 | 说明 |
|---|---|---|
| 6 | 导览窗格 | 导览窗格提供对最常使用的数据的快速访问。除查找、组织及访问数据以外，还可以配置 Teamcenter 透视图按钮在导览窗格中的显示，以便仅显示经常用于执行任务的透视图 |
| 7 | 主要应用程序区 | 可访问"入门"和"我的 Teamcenter"等应用程序 |
| 8 | 次要应用程序框 | 通过其中的应用程序按钮可以对最常用 Teamcenter 应用程序透视图进行访问 |
| 9 | 信息中心 | 信息中心符号提供了所选对象的何处使用和何处引用信息、访问权限、子件计数和状态信息。要显示这些信息，请将光标指向符号，则信息将以工具提示的方式显示 |
| 10 | 剪贴板按钮 | 剪贴板按钮显示剪贴板内容对话框，其中包含对已从工作区剪切或复制的对象的引用。剪贴板上的对象总数显示在剪贴板按钮右侧 |

2）应用程序与透视图及透视图操作

（1）应用程序与透视图。

透视图的概念来自 Java 开发工具 Eclipse。在 Eclipse 中，透视图是一个包含一系列视图和内容编辑器的可视容器。Teamcenter 客户端基于 Eclipse 开发，因此 Eclipse 透视图的概念同样适用于 Teamcenter。

在 Teamcenter 中提供了多个透视图，每个透视图对应一个应用程序（功能模块），打开某个应用程序即打开某个透视图。常用的应用程序有"我的 Teamcenter""组织""访问管理器""结构管理器"等。

用户启动应用程序有两种方法，一种方法是在 Teamcenter 导览窗格中选择相应的应用程序选项打开，另一种方法是通过"窗口"→"透视图"→"打开透视图"命令打开。

如要打开"结构管理器"，可以选择左边导览窗格中的"结构管理器"选项，也可以选择"打开透视图"→"结构管理器"透视图（图 2 – 18）。

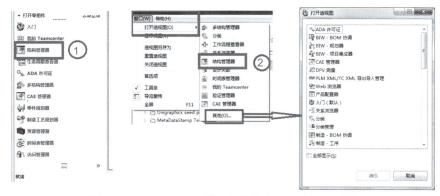

图 2 – 18　Teamcenter 的透视图与应用程序——对应

因此，可以认为应用程序与透视图一一对应，应用程序是从软件功能模块的角度来表示的，而透视图是软件开发技术方面的术语。

（2）透视图操作。

图 2-19 所示是 Teamcenter 默认的透视图布局"我的 Teamcenter"，它包含了"Home""汇总""详细信息"等 7 个透视图。下面调整透视图布局。

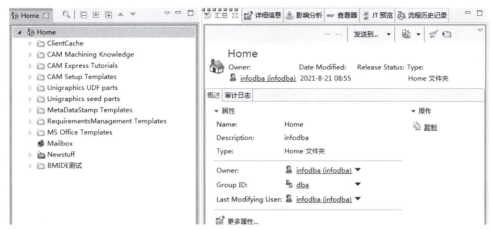

图 2-19　Teamcenter 默认的透视图布局"我的 Teamcenter"

①单击"汇总"透视图标签上的"×"按钮，关闭"汇总"透视图。

②选择"窗口"→"显示视图"→"汇总"命令，可以把关闭的"汇总"透视图重新打开（图 2-20）。

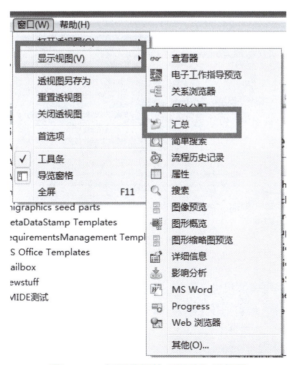

图 2-20　打开关闭的"汇总"透视图

③鼠标左键向左拖动"汇总"透视图标签（选中标签，按住鼠标左键不放，缓慢移动），然后释放鼠标左键。

可以发现，"汇总"透视图标签已经脱离了原来的标签组，与"Home"窗口标签组成了标签组（图2-21）。

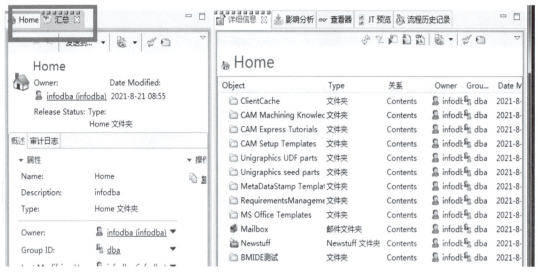

**图2-21　拖动"汇总"透视图标签**

④继续对其他透视图标签执行关闭、拖动操作。

⑤当把原有布局都打乱甚至把所有透视图都关闭时，可以选择"窗口"→"重置透视图"命令还原默认的透视图布局状态（图2-22）。

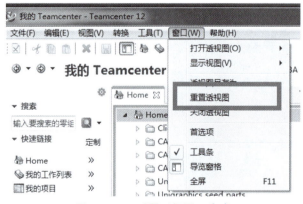

**图2-22　"重置透视图"命令**

3）自定义导览窗格

（1）调整应用程序列表区尺寸。

图2-23所示左下部分为应用程序列表区，如果应用程序列表区尺寸不够大，则会将应用程序显示为两部分，其中图标和文字显示完整的为主要应用程序区，只有图标没有文字的为次要应用程序框。

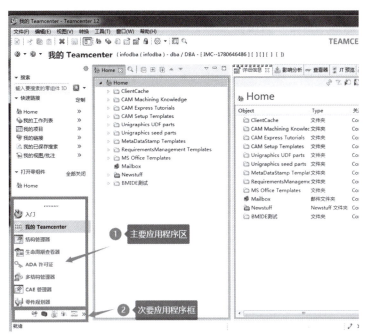

图 2 - 23　应用程序列表区

　　可以将光标放在"入门"应用程序的上面,待光标变成上下箭头时,可以拖动调整应用程序列表区的尺寸,让所有应用程序显示出来(图 2 - 24)。

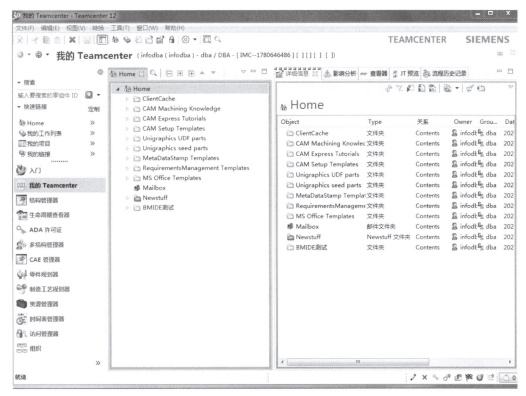

图 2 - 24　调整应用程序列表区尺寸后的显示效果

在 Eclipse 窗口中可以打开多个透视图，但在同一时间只能有一个透视图处于激活状态。用户可以在两个透视图之间切换。

（2）自定义要显示的应用程序。

有两种方法可以自定义要显示的应用程序。

①单击导览窗格下方的"＞＞"按钮，在弹出的菜单中选择"添加应用程序"命令（图2－25），将要显示的应用程序显示在应用程序列表区。

图2－25　"添加应用程序"命令

②单击导览窗格下方的"＞＞"按钮，在弹出的菜单中选择"导览窗格选项"命令［图2－26（a）］。

在弹出的对话框中，左边是所有的应用程序，选择某应用程序，单击"＋"按钮，可以将应用程序显示在导览窗格中；右边是当前已经显示的应用程序，选择某应用程序，单击"－"按钮，会将该应用程序从导览窗格中移除［图2－26（b）］。

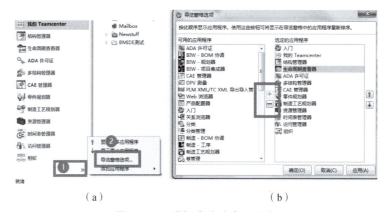

（a）　　　　　　　　　　　　　（b）

图2－26　增加或移除应用程序

③还可以选择"显示更多应用程序""显示更少应用程序"命令进行设置。

## 2.3.2　Teamcenter 产品数据对象基本操作

（1）新建一个文件夹，命名为"Training"（图2－27）。

（2）将文件夹"Training"改名为"Training_001"（图2－28）。

Teamcenter 产品
数据对象基本操作

图 2-27　新建文件夹　　　　　图 2-28　重命名文件夹

（3）在文件夹"Training_001"中新建文件夹"002"，并把它粘贴到"Newstuff"文件夹中，如图 2-29 所示。

（4）将文件夹"Training_001"中的"002"文件夹改名为"002-mod"，试问"Newstuff"文件夹中的"002"文件夹名称会改变吗（图 2-30）？

图 2-29　复制、粘贴文件夹　　　　　图 2-30　问题 1

（5）在文件夹"Training_001"中的"002-mod"文件夹中再建一个文件夹"003"，试问"Newstuff"文件夹中的"002-mod"文件夹中也会有一个"003"文件夹吗（图 2-31）？

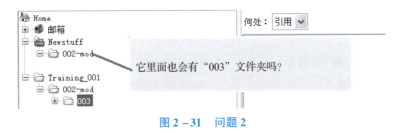

图 2-31　问题 2

（6）如何查看文件夹引用？请写出操作方法，在 Teamcenter 界面中呈现图 2-32 所示画面。

（7）删除"Training_001"文件夹中的"002-mod"文件夹，试问"Newstuff"文件夹有何变化（图 2-33）？

图 2-32　查看文件夹引用　　　　　图 2-33　问题 3

（8）剪切文件夹"Training_001"会发生什么变化？剪切后"Training_001"文件夹是否已经不存在（图 2-34）？

（9）在"Home"文件夹中粘贴被剪切的"Training_001"文件夹，在其中建立一个

Text 类型的数据集 "ddd"，并将其粘贴至 "Newstuff" 文件夹中（图 2 - 35）。

图 2 - 34　问题 4

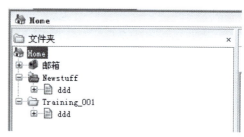

图 2 - 35　建立数据集

（10）删除 "Newstuff" 文件夹中的数据集 "ddd"，试问 "Training_001" 文件夹中的数据集 "ddd" 会被删除吗（图 2 - 36）？

（11）在 "Training_001" 文件夹中新建一个零组件（注：ID 和版本由系统指派），名称取为 "Training"，建好后查看零组件的结构（图 2 - 37）。

图 2 - 36　问题 5

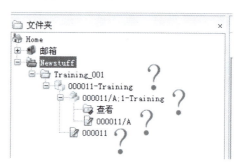

图 2 - 37　查看零组件的结构

（12）在新建的零组件的版本 A 下建立一个数据集 "Text"，然后打开数据集，输入内容 "AAAAA…"（足够多的 A 即可），如图 2 - 38 所示。

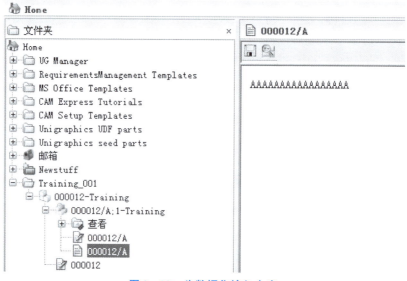

图 2 - 38　为数据集输入内容

（13）为上面新建的零组件修订一个新版本 B，如图 2 - 39 所示。注意观察新建版本后零组件的结构。

图 2 - 39  修订新版本

（14）选择零组件的版本 B 下的数据集"Text"，打开并修改，把原内容"AAAA…"改为"BBBB…"，修改后保存，然后查看零组件版本 A 下的数据集"Text"内容是否有变化吗并说明为什么。

（15）零组件版本 B 下的数据集"Text"可以删除吗？

（16）删除"Training_001"文件夹中的零组件对象，能否在零组件只有一个版本 A 时删除版本 A？

（17）在"Training_001"文件夹中通过导入建立一个数据集"Text"（事先需在本机建立一个记事本文件，并输入适当内容）。完成数据集的创建后，导出新建的数据集"Text"至本机。

（18）在"Training_001"文件夹中建立一个类型为"MSWord"的数据集，数据集名称为"Training"，双击打开，输入适当内容后保存（图 2 - 40）。如何查看其签入/签出状态？

| | 类型 ▽ | 关系 | 所有者 | 组 ID | 修改日期 | 签出 | 发放状态 |
|---|---|---|---|---|---|---|---|
| 📄 | Text | 内容 | info... | dba | 01-10-2009 0... | | |
| W | MSWord | 内容 | info... | dba | 01-10-2009 0... | ✔ | |

Training_001

图 2 - 40  查看数据集的签入/签出状态

### 2.3.3  Teamcenter 产品数据组织

在 PLM 中，往往以文件夹作为连接零组件对象与文档的桥梁，通过对文件夹分类对各种不同文档进行分类管理。零组件数据模型的结构如图 2 - 41 所示。"000008 - 变速器"零组件放在"000008 - 变速器"文件

Teamcenter 产品
数据组织

夹中，属性表单存放零组件基本信息、生命周期信息、型号及供应商信息等；数据集通过命名的引用使数据与文档关联，包括三维数模、二维工程图、JT 模型、更改单、规格书等文档；BOM 视图存放零组件结构信息、零组件使用信息、物料信息等。

如图 2 - 42 所示，"Home"文件夹中为零组件信息列表，在右侧"汇总"透视图中可以直接浏览零组件基本信息、可视化简图等，在"详细信息"透视图可以直接浏览零组件内容，在"属性"透视图中可以直接查看、编辑零组件属性信息。

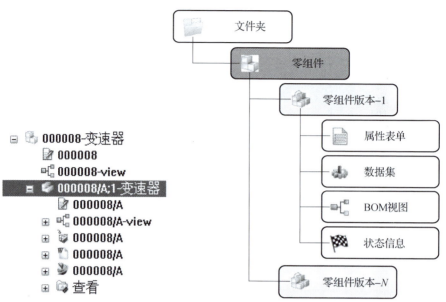

图 2－41　零组件数据模型的结构

图 2－42　零组件基本信息管理

　　数据的组织可以根据用户的需要采取不同的方式，一般应遵循的原则是符合档案管理的要求，并且便于权限设置以及人员职责定义。

　　对于权限和人员职责，应该和组织模型统一考虑（有关权限的详细内容，请参见项目5）。

### 1. 数据组织方式

　　在车床项目中，将建立与该项目的产品结构对应的文件夹结构树（图2－43），并将整个项目的产品对象分别放入其中（实为文件夹对

▲ 📁 车床项目
　▷ 📁 主轴箱
　▷ 📁 进给箱
　▷ 📁 溜板箱
　▷ 📁 床身
　▷ 📁 尾架
　▷ 📁 附件

图 2－43　要建立的文件夹结构树

产品对象的引用)。这样就建立了一套索引方法，能让用户通过它方便地找到所关心的产品对象。另外，人员组织结构与产品结构也基本对应，即人员组织模型与文件夹结构对应，这使得在对文件夹设置相应组的权限时较为方便。

在组织产品对象的数据和文档时，将采用图 2-44 所示的结构。使用 BOM View 和 BOM View Revision 建立产品对象之间的关系来组织产品结构数据。

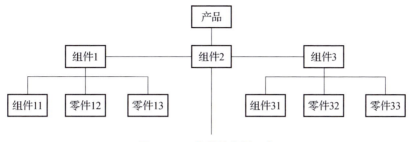

图 2-44　产品结构树示意

### 2. 数据组织过程及人员职责

下面描述对车床项目进行数据组织的过程以及其间具有不同角色人员的职责。

因为总设计师对产品有整体上的规划与安排，所以应首先由总设计师负责建立整个文件夹结构树，并将相应文件夹的权限赋予相应的组。

然后，由主任设计师在相应的文件夹下创建、维护代表产品对象的零组件，并负责创建、维护与此零组件有关的其他各种形式的数据及文档。

### 3. 创建项目文件夹并设置共享

1）创建文件夹结构树

下面创建车床项目的文件夹结构树。

操作者：u02（管理组总设计师）。

操作步骤如下。

（1）选择"我的 Teamcenter"→"Home"文件夹。

注意：选择"Home"文件夹是为了让新文件夹成为它的子文件夹。在创建文件夹或其他数据对象时，如果没有先选择父文件夹，则创建的对象默认会保存在"Newstuff"文件夹中。

（2）选择"文件"→"新建"→"文件夹"命令。

（3）在弹出的"新建文件夹"对话框中，选择"Folder"选项，然后单击"下一步"按钮。

（4）依次输入文件夹名称（必须）和描述（非必须）（图 2-45）。

（5）单击"完成"按钮，"车床项目"文件夹创建完毕。

（6）选择刚建好的"车床项目"文件夹，重复步骤（1）~（5），依次创建其余文件夹。

图 2-46 所示为"车床项目"文件夹结构树全部创建完成的状态。

2）设置文件夹的权限

当文件夹结构树创建完成后，需要对最底层的文件夹（即"主轴箱""进给箱""溜板箱"等文件夹）进行权限设置，使每个组的成员可以读写与本组对应的文件夹，即主轴箱组对"主轴箱"文件夹可读写，进给箱组对"进给箱"文件夹可读写，依此类推。

图 2-45　新建"车床项目"文件夹

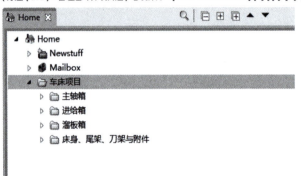

图 2-46　"车床项目"文件夹结构树全部创建完成的状态

操作者：u02（管理组总设计师）。

操作步骤如下。

（1）用鼠标右键单击"我的 Teamcenter"→"主轴箱"文件夹。

（2）在弹出的菜单中，选择"访问"命令。

（3）在弹出的"访问权"对话框中，单击"获取访问控制列表"按钮（图 2-47）。

（4）在弹出的"ACL 控制列表"对话框中，单击"+"按钮，在表中新增一行（图 2-48）。

访问者类别：Group。

访问者：主轴箱.车床项目组。

权限：可读可写。

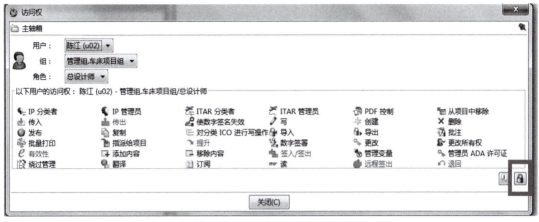

图 2-47 设置文件夹访问权限

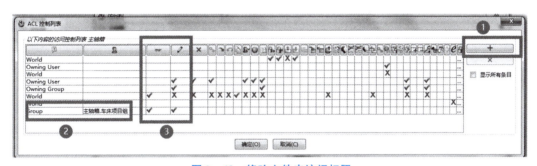

图 2-48 修改文件夹访问权限

（5）单击"确定"按钮。

（6）依次输入文件夹名称（必须）和描述（非必须）。

重复步骤（1）~（6），依次将文件夹权限赋予相应的设计组。

3）建立对文件夹结构树的引用

当总设计师建立文件夹结构树并设置好权限之后，其他人员应当在自己的导航器中建立对该文件夹结构树的引用。

下面举例说明如何进行操作。可以通过发送邮件、用户搜索两种方式进行操作。

**方法一：数据对象所有者向使用者发送邮件，并把文件夹作为附件发送给多人。**

（1）将"车床项目"文件夹用邮件发送给多人。

操作者：u02（管理组总设计师）。

操作步骤如下。

①选择"车床项目"文件夹。

②选择"文件"→"新建"→"信封"命令。

③在弹出的"新建信封"对话框（图 2-49）中，单击"收件人"按钮，指定"张三（u03）"等多人为收件人，填写能说明邮件内容的主题，因为在发信之前选择了"车床项目"文件夹，所以该文件夹将自动加入"附件"。

④单击"发送"按钮。

下面以张三登录查收邮件为例进行说明。

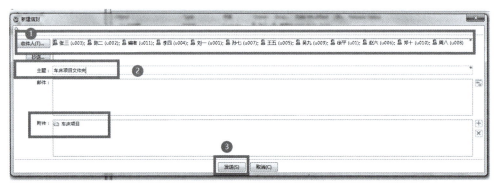

图 2-49　"新建信封"对话框

（2）张三（u003）登录，查收邮件，并把文件夹复制到个人工作区。

①张三登录后，展开"Mailbox"文件夹。

②发现有一封主题为"车床项目"文件夹的邮件，选择该邮件（图 2-50）。

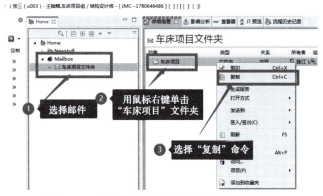

图 2-50　通过复制建立对文件夹的引用关系

③在右边的"详细信息"透视图中用鼠标右键单击"车床项目"文件夹，选择"复制"命令。

用鼠标右键单击"Home"文件夹，选择"粘贴"命令（图 2-51）。

图 2-51　粘贴后的个人工作区

这样，就在张三的个人工作区建立了对"车床项目"文件夹的引用。其他用户也可以用同样的方法完成对"车床项目"文件夹的引用。

**方法二：用户通过查找，在 Teamcenter 数据库中找到文件夹并建立引用。**

操作者：赵六（u006），进给箱组的结构设计师。

操作步骤如下。

（1）在 Teamcenter 客户端中单击"搜索"按钮，在 Teamcenter 界面中出现"搜索"透视图（图 2－52）。

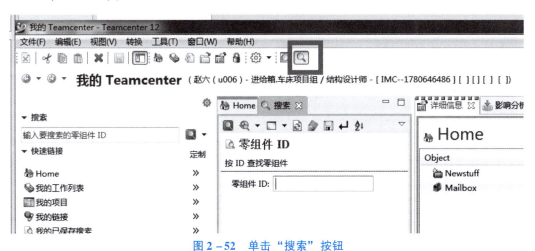

图 2－52　单击"搜索"按钮

（2）在"搜索"透视图中单击"选择搜索"按钮旁边的倒三角形按钮，在下拉框中选择"常规"选项，输入查找名称为"车床项目"，指定类型为"文件夹"，所有权用户为"陈江"（图 2－53）。

图 2－53　进行搜索操作

（3）单击"查找"按钮（图 2－53 中标记为❷的按钮）。

（4）在搜索结果处（标记为❸）找到"车床项目"文件夹。

（5）用鼠标右键单击"车床项目"文件夹，选择"复制"命令。

（6）用鼠标右键单击"Home"文件夹，选择"粘贴"命令。

这种方法也能在个人工作区建立对"车床项目"文件夹的引用。要注意，并不是在每个用户的个人工作区创建一个"车床项目"文件夹，每个用户只是对这个文件夹进行引用，实现了文件夹的共享。

### 4. 产品对象的数据组织

产品对象的数据组织

## 2.4　任务评价

项目 2 任务评价见表 2 – 3。

表 2 – 3　项目 2 任务评价

| 评价项目 | 分值 | 得分 | |
|---|---|---|---|
| | | 自评分 | 师评分 |
| 熟悉 Teamcenter 客户端用户界面 | 5 | | |
| 熟悉 Teamcenter 的基本操作 | 5 | | |
| 理解 Teamcenter 的产品数据模型 | 10 | | |
| 掌握使用"我的 Teamcenter"应用程序组织和管理产品数据的方法 | 10 | | |
| 使用 Teamcenter 客户端界面执行基本用户任务 | 15 | | |
| 使用 Teamcenter 创建、管理零组件和零组件版本 | 20 | | |
| 在 Teamcenter 中创建、组织、管理产品数据 | 20 | | |
| 学习认真，按时出勤 | 10 | | |
| 具有自主探究能力 | 5 | | |
| 总计得分 | | | |

# 项目 3　人员组织建模

【知识目标】

- 熟悉 Teamcenter 组织管理界面。
- 理解 Teamcenter 组织对象及组织结构。
- 了解在 Teamcenter 中创建组织结构的方法。

【技能目标】

- 定义组织结构。
- 定义组织管理权限。
- 创建一个账户。
- 管理组织结构。
- 搜索组织。
- 手动设置账户。

【职业素养目标】

- 具有认真、细致的工作态度。
- 培养自主探究的工作精神。

## 3.1　项目描述

### 3.1.1　项目内容

表 3 - 1 是车床项目组角色职责表，表 3 - 2 是车床项目组织结构表。该项目组规划有管理组、主轴箱组、进给箱组、溜板箱组 4 个子组，并包含项目经理、总设计师、主任设计师等 8 个角色，共 12 个用户。

表 3 - 1　车床项目组角色职责表

| 角色名称 | 角色职责（在设计审批流程中的职责） |
| --- | --- |
| 项目经理 | 负责工作计划和进度管理 |

续表

| 角色名称 | 角色职责（在设计审批流程中的职责） |
|---|---|
| 总设计师 | 负责总体设计、设计终审批准工作 |
| 主任设计师 | 负责审核工作 |
| 主管设计师 | 负责审查工作 |
| 结构设计师 | 负责结构设计和校对工作 |
| 强度设计师 | 负责强度设计和校验工作 |
| 仿真分析师 | 负责 CAE 仿真分析工作 |
| 工艺设计师 | 负责工艺规程与工艺装备设计工作 |

表 3-2　车床项目组织结构表

| 车床项目组 | 姓名 | 用户名 | 角色 | 卷名 |
|---|---|---|---|---|
| 管理组 | 徐平 | u01 | 项目经理 | Volume1 |
| | 陈江 | u02 | 总设计师 | |
| 主轴箱组 | 刘一 | u001 | 主任设计师<br>结构设计师 | Volume2 |
| | 陈二 | u002 | 主管设计师<br>工艺设计师 | |
| | 张三 | u003 | 结构设计师 | |
| | 李四 | u004 | 强度设计师<br>仿真分析师 | |
| | 王五 | u005 | 工艺设计师 | |
| 进给箱组 | 刘一 | u001 | 主任设计师<br>结构设计师 | Volume3 |
| | 陈二 | u002 | 主管设计师<br>工艺设计师 | |
| | 赵六 | u006 | 结构设计师<br>强度设计师 | |
| | 孙七 | u007 | 仿真分析师 | |
| | 周八 | u008 | 工艺设计师 | |

| 车床项目组 | 姓名 | 用户名 | 角色 | 卷名 |
|---|---|---|---|---|
| 溜板箱组 | 刘一 | u001 | 主任设计师<br>结构设计师 | Volume4 |
| | 陈二 | u002 | 主管设计师<br>工艺设计师 | |
| | 吴九 | u009 | 结构设计师<br>强度设计师 | |
| | 郑十 | u010 | 仿真分析师 | |
| | 编者 | u011 | 工艺设计师 | |

在本项目中，按表 3 – 1 和表 3 – 2 所示的规划，在 Teamcenter 中分别使用 Teamcenter 组织管理应用程序（手动创建）和 make_user 命令（批处理命令）两种方法创建组织对象，并在 Teamcenter 中建立项目所要求的组织结构。

在后续的练习中，需要按表 3 – 1 和表 3 – 2 输入组名、人员姓名及账号名称，用户可在随书资源中的"1 车床项目组织结构 . docx"文件中直接复制相关文字。

### 3.1.2　项目实施步骤

本项目的主要实施步骤如下。

（1）手动创建组织结构。在 Teamcenter 组织管理应用程序中首先创建卷，然后分别采用自底向上、自底向下的方法，完成 2 个用户及其所属角色和组的创建。

（2）使用 make_user 命令创建组织结构。使用 make_user 命令创建表 3 – 2 中其余 9 个用户及组织结构的创建，主要包括以下工作任务：①创建所需的卷；②创建所需组及子组；③创建具有多重身份的用户；④通过 make_user 命令的 – file 参数批量创建用户；⑤通过 make_user 命令的 – update 和 – rename 参数修改组织对象。

（3）管理与维护 Teamcenter 组织结构。开展组织管理与维护的相关工作任务，包括：①将用户设置为系统管理员；②将用户指定为组管理员；③设置用户密码规则；④设置用户的默认组和角色；⑤查看其他用户的工作区；⑥删除组织对象。

## 3.2　知识准备

"组织"应用程序是 Teamcenter 的基础功能模块，其作用是在系统中建立用户账户、角色和用户组，在 Teamcenter 中创建和维护公司的组织结构。

"组织"应用程序可以完成下图 3 – 1 所示组织对象的创建和维护，其中常见的任务有创建组（含子组）、创建角色、创建用户、创建人员、创建卷等。

组
角色
学科
用户
人员
站点
外部应用程序
卷
工作日历
语言
图形优先级列表
许可证服务器

图 3 – 1　"组织"应用程序可创建和维护的组织对象

项目3　人员组织建模

### 3.2.1　Teamcenter 组织管理界面

单击 Teamcenter 的"组织"应用程序图标  就可以进入组织管理功能模块。需要注意的是，只有具备系统管理员权限的用户才能在该模块进行组织的创建和维护，普通用户只能浏览和修改个人信息。关于用户类型及相应的权限将在本项目后续内容中介绍。

Teamcenter 组织管理功能模块的界面如图 3 – 2 所示，各区域的功能说明见表 3 – 3。

Teamcenter 组织管理功能模块的界面大体分为左、右两个区域，其中左边为组织对象显示区（组织结构树方式显示或列表方式显示），右边为对象属性显示区，即在左边选择特定的组织对象后，右边将显示选定组织对象的属性。

**图 3 – 2　Teamcenter 组织管理功能模块的界面**

**表 3 – 3　Teamcenter 组织管理功能模块各区域的功能说明**

| 图示区域 | 名称 | 说明 |
|---|---|---|
| ① | 组织结构树 | 组织结构树使用用户能够一目了然地查看企业的组织结构。通过展开和折叠组织结构树的分支，可以查看和管理组织结构。<br>选择某节点将启动用于创建该节点的组织对象创建向导，可以创建组、子组、角色、用户等对象 |
| ② | 设定筛选过滤条件 | 使用"按主站点过滤"框筛选对象（组、角色或用户） |
| ③ | 查找条件输入框 | 在查找条件输入框中指定要查找的对象名称（用户名、角色名或组名），可以在组织结构树中查找组，组织内的用户、角色和用户。用户还可以使用查找条件输入框来重新加载组织结构树并查找非活动组成员 |

续表

| 图示区域 | 名称 | 说明 |
| --- | --- | --- |
| ④ | 组织对象列表 | 组织对象列表列出了不同的组织对象（组、角色、用户和人员等），可以用来查看和管理这些常见的组织对象，与组织结构树不同，这些对象按类型归类和显示，而组织结构树是根据隶属关系显示。用户还可以使用组织对象列表管理站点、外部应用程序、卷和日历 |
| ⑤ | 对象属性显示与编辑 | 用于显示和编辑选定组织对象的属性 |

### 3.2.2　Teamcenter 组织对象及组织结构

#### 1. Teamcenter 组织对象

Teamcenter 组织对象包括人员（Person）、用户（User）、角色（Role）和组（Group），此外还包括卷站点、卷等。相关组织对象的概念解释如下。

人员（Person）：人员是工作在企业中的一个自然人，人员有姓名、地址、员工编号等属性信息。

用户（User）：用户是一个企业工作人员在 Teamcenter 系统中的账户，用户有账号和密码等属性信息。一个人员可以有多个账号，但通常只为一个人建立一个账号。

角色（Role）：指对应用户在某一特定组中所从事的工作类型，即工作岗位，是模拟用户在组里要执行工作类型的对象。角色隶属于组，不同的组可以拥有相同的角色，例如电气组和机械组都可以有设计工程师（Designer）角色。一个工作岗位可以有多工作人员，即每一个角色下面可以有一个或多个用户；同时，一个用户也可以属于多个角色，例如一个人既可以是设计工程师，还可以兼任总工程师。

组（Group）：指由不同角色的用户组成的，为同一目标而协同工作的组织。例如，企业中可以根据产品划分为 A 产品组、B 产品组，每个产品组又可以再分为机械组、电气组等子组。组包括承担一定角色的组员。组代表了数据所有权，控制着数据访问。

子组（SubGroup）：另外一个组作为它的父组的组称为子组。组的层次不受限制，子组也可以作为其他组的父组。在描述或命令中，子组的表述格式为：子组．上一级父组．上上一级父祖……如图 3–3 所示，主轴箱组应表述为"主轴箱．车床项目组"。

卷：卷是存储物理文件的对象。卷等同于操作系统中的目录。用户使用 CAD 应用程序或其他第三方应用程序创建的文件都存储在卷中。用户不可以直接访问卷中的数据文件，只能通过 Teamcenter 访问卷中的数据文件。一个卷只能由一个数据库控制，卷可以在网络中的任何机器上。卷的定义包括卷名，机器节点号（机器名），卷所在的目录名。

学科（Discipline）：学科是一组具有共同行为的用户，更接近的术语是专业领域、研究方向或专长。例如，掌握西门子 NX 三维 CAD 软件的机械设计专业知识的用户可以加入名定义为"Siemens NX"的学科。

#### 2. 组织结构及对象关系

Teamcenter 的组织具有树状层次结构。组织在结构上由不同的组构成，每个组有一个或多个子组，组又包含不同的角色，最终的用户通过角色关联到组，也就是用户要隶属于某一个或多个角色（即用户必须在某组中承担某工作岗位职责）。角色可以包含一个或多个用户，一个用户也可以拥有多个角色。

图 3 – 3 所示为某新型车床研发项目的组织团队，该项目有一个名为"车床项目组"的一级组，该一级组包含床身及附件组、管理组、主轴箱组、进给箱组、溜板箱组等 5 个子组[①]，其中主轴箱组下有工艺师、强度设计师、设计师、主管设计师、主任设计师等角色。工艺师角色下有一个用户 u005，该用户对应的人员姓名为王五；强度设计师角色下有一个用户 u004，该用户对应的人员姓名为李四。

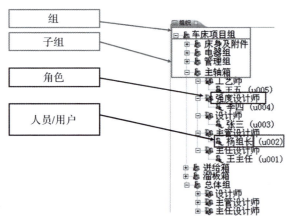

图 3 – 3　Teamcenter 组织结构示意

结合图 3 –4，总结 Teamcenter 组织对象的关系如下。

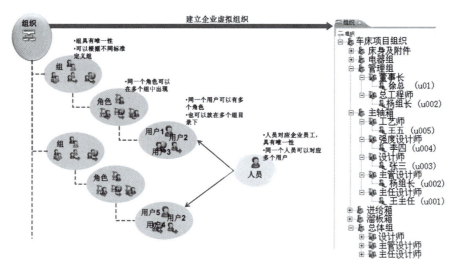

图 3 –4　Teamcenter 组织对象的关系示意

组是基于项目的一群用户的组合，组可以包含多个角色，一个角色可以属于几个不同的组。

---

① 　注：在组织结构树中个别子组名称省略了"组"字。

与实际情况相符，Teamcenter 允许存在组的层次结构，有父亲组和子组。子组也可以作为其他组的父组，组的层次不受限制。

子组的标识必须包含父组的名称，组的完整标识格式为"组．父组1．父组2……"，因此在不同父组中的两个子组可以有相同的名称，因为它们的完整标识不同，但子组名与父组名不可以相同。

用户不与组发生直接关联，用户必须属于组中的某一个角色，一个用户也可以属于多个组中的不同角色，如主轴箱组的设计师也可以是负责该部件设计与工作审核的主任设计师。

用户与人员一般一一对应，当然可以为一个人员分配多个用户（账户）。一个合法的用户必须至少属于一个组（在这个组中至少属于一个角色）。每个用户都具有一个默认组。

图 3-5 用 E-R 图进一步描述了组织对象的关系。

人员与用户为1 对多的关系，即1 个人员必须拥有一个合法账号，也可以拥有多个合法账号。

用户与角色为1 对多的关系，角色与组为1 对多的关系。用户通过角色关联到组，即户与组也是1 对多的关系。

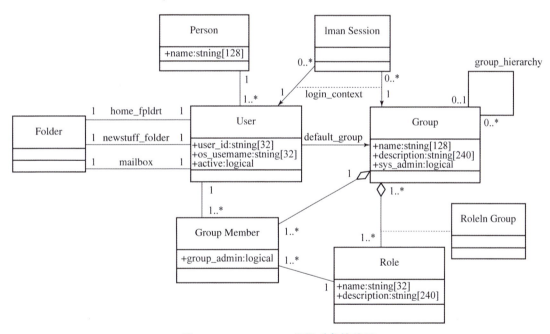

图 3-5　Teamcenter 组织对象的关系

### 3.2.3　在 Teamcenter 中创建组织结构的方法

从创建工具来看，在 Teamcenter 中有两种创建组织结构的工具：使用 Teamcenter "组织"应用程序创建组织对象和结构（手动方式）、通过 make_user 命令批量创建组织对象和结构（图 3-6）。

Teamcenter "组织"应用程序提供图形化的界面，用于创建人员、用户、角色和组，并将用户分配到角色，将角色指定到组中，这是一种相对较为低效的手动操作过程。手动

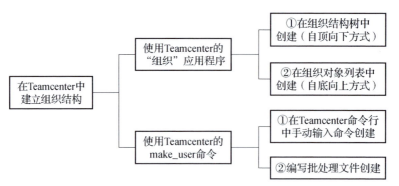

**图 3 - 6 在 Teamcenter 中创建组织结构方法**

创建组织结构也有两种方式：在组织对象列表中使用自底向下方式创建和在组织结构树中采用自顶向下方式创建。

make_user 命令可以批量创建大量用户并搭建组织结构，在具体使用时，既可以在命令行执行命令，也可以将命令写在批处理文件（".bat"文件）中执行。

### 1. make_user 命令概述

make_user 是一个存放在 "TC_ROOT\bin" 目录下的可执行程序文件（make_use.exe），系统管理员可以从命令行窗口（CMD 窗口）调用它，也可以将它写成批处理脚本文件执行。使用 make_user 命令可以快速创建和维护 Teamcenter 系统的用户、组、人员、角色和卷。

make_user 命令具有以下特点。

（1）make_user 是一个可独立运行的命令行工具。使用时无须用户登录 Teamcenter 客户端，即可以脱离 GUI 界面独立运行。

（2）既可以在命令行窗口中逐条输入命令语句逐行执行 make_user 命令，也可把多条语句写成批处理脚本文件批量执行 make_user 命令。

（3）相对于 Teamcenter 客户端的"组织"应用程序，使用 make_user 命令进行组织管理和维护工作的速度更高，可以快速批量创建用户并搭建组织结构。

（4）make_user 的命令语句、输入文件及批处理脚本文件可以保存后多次调用，这些命令语句、输入文件及批处理脚本文件在系统发生故障时可以用于快速还原系统的组织结构。

make_user 命令的功能如下。

（1）在 Teamcenter 会话之外创建新的用户、组、人员、角色和卷。

（2）修改现有用户、组和角色对象的属性。

（3）在创建用户的同时指定角色、组和卷，同步建立所属组织结构。

注意：make_user 命令不能用于删除组织对象。

### 2. make_user 命令的格式

make_user 命令的完整格式如下所示（由于排版原因，命令显示有换行，实际运用中，在编写的命令语句和批处理脚本文件中，每一条 make_user 命令行都是独立的一行）：

make_user – u = < user_id > – p = < password > – g = < group > ［ – update ］ – user = < user_id > ［ – password = < password > ］ ［ – OSuser = < name > ］ – person = name ［ – status = 0 | 1 ］ ［ – defaultgroup = default – group ］ ［ – group = group – name ］ ［ – parent = parent ］ ［ –

privilege = 0 | 1 ] 〔 – description = description 〕 〔 – security = security 〕 〔 – defaultrole = default – role 〕 〔 – defaultvolume = default – volume 〕 〔 – role = name 〕 〔 – rename = user – id | group – name | role – name 〕 〔 – os 〕 〔 – volume = name 〕 〔 – fscid = < fsc id > | – filestoregroupid = < filestore group id > | – loadbalancerid = < load balancer id > 〕 〔 – node = name 〕 〔 – path = name 〕 〔 – file = filename 〕 〔 – v 〕 〔 – h 〕

上面的格式显得特别复杂，把 make_user 命令按参数拆解后分块解释，见表 3 – 4。

表 3 – 4　make_user 命令的参数

| 序号 | 参数 | 说明 |
| --- | --- | --- |
| 1 | make_user | 命令名，表示要执行的命令为 make_user |
| 2 | – u = < user_id > – p = < password > – g = < group > | 拥有 DBA 权限的用户才能执行 make_user 命令，该参数指明要执行此命令的用户身份信息。例如，– u = infodba – p = infodba g = dba，指定该命令由用户 infodba 执行 |
| 3 | 〔 – update 〕<br>〔 – rename = user – id | group – name | role – name 〕 〔 – os 〕 | 这两个参数是可选参数。可以使用这两个参数中的选项修改现有组、角色或用户。<br>使用 – update 选项指定要修改用户、组或角色对象的属性，单独使用这个选项只能修改对象的属性，而不能修改用户、组或角色的名称。<br>– update 配合 – rename 选项可以对现有用户、组或角色重命名。对于用户，– rename 选项指定用户 ID；对于组和角色对象，– rename 选项分别指定组名称和角色名称。<br>– update 一次只能更新一个对象（用户、组或角色）。<br>如果在使用 – update 选项时指定了 – user、– group 或 – role 选项，则假定用户对象是更新的目标对象。<br>如果在未指定用户选项的情况下指定组或角色选项，则更新组。<br>如果指定了角色选项而没有用户或组选项，则更新角色。<br>要更新的对象必须已存在 |
| 4 | – user = < user_id > 〔 – password = < password > 〕 〔 – OSuser = < name > 〕 〔 – status = 0 | 1 〕 – person = name 〔 – defaultgroup = default – group 〕 | 这是与用户相关的参数，指定要创建或修改的用户信息，包括 id（用户名）、password（用户密码）、status（用户状态，0 代表活动，1 代表非活动）、person（人员姓名）、defaultgroup（默认卷）<br>与用户相关的参数可以结合图 3 – 17 理解 |
| 5 | 〔 – group = group – name 〕 〔 – parent = parent 〕 〔 – privilege = 0 | 1 〕 〔 – description = description 〕 〔 – security = security 〕 〔 – defaultrole = default – role 〕 〔 – defaultvolume = default – volume 〕 | 这是与组相关的参数，指定要创建或修改组的信息，包括 group（组名）、parent（父组名）、privilege（是否拥有 DBA 权限，0 表示不具有 DBA 权限，1 表示具有 DBA 权限）、description（组或角色描述）、security（安全性，可设置为 Internal 或 External，一般不设置）、defaultrole（组的默认角色）、defaultvolume（组的默认卷）。<br>与组相关的参数可以结合图 3 – 15 理解 |

| 序号 | 参数 | 说明 |
|---|---|---|
| 6 | ［－role＝name］ | 这是与角色相关的参数，只有角色名一个参数 |
| 7 | ［－volume＝name］<br>［－fscid＝＜fsc id＞│－filestore-groupid＝＜filestore group id＞│－loadbalancerid＝＜load balancer id＞］<br>［－node＝name］［－path＝name］ | 这是与卷相关的参数。<br>创建一个新卷时，volume（卷名）、id（fsc id、filestore id、load balancer id 三个只能选其中一个，对应图3－10中的ID类型，分别对应FSC、文件存储组、负载平衡器）、node（节点名称，即卷服务器的计算机名或IP地址）、path（卷路径）。<br>提醒：这4个参数必须按volume、id、node、path的次序指定，任何2个参数中间不能间隔make_user命令的其他任何参数。<br>与卷相关的参数可以结合图3－10理解 |
| 8 | ［－file＝filename］ | make_user命令要创建或修改的用户信息，也可以保存在一个文本文件中，该参数指定存储用户信息的文本文件路径。<br>存储用户信息的文本文件可以包含若干行，每行相当于一条记录，每行按下面的次序组织数据（不同数据项用"│"间隔）：<br>人员姓名│用户名│密码│组│角色 |
| 9 | ［－v］ | 在详细模式下使用该参数，这样可以最大量地显示程序运行过程中的输出信息 |
| 10 | ［－h］ | 显示make_user命令的使用帮助信息 |

综上，在理解make_user命令的参数后，总结出make_user命令常用的简洁格式如下：

**命令名　系统管理员的身份信息参数（－u　－p　－g）组织对象及属性信息参数（－user　－person　－group　－role　－volume…）**

（1）命令名即make_user。

（2）系统管理员的身份信息参数即－u　－p　－g，分别是－user、－password、－group的缩写，用其参数值指定系统管理员用户名、系统管理员密码、系统管理员所在的组等信息。

（3）组织对象及属性信息参数用对象属性的英文全称表示，如用－user参数值代表要创建或修改的用户名，用－person参数值代表要创建或修改的人员，用－group参数值代表要创建或修改的组，用－role参数值代表要创建或修改的角色，用－volume参数值代表要创建或修改的卷。

### 3. make_user命令的执行

make_user命令由于需要Teamcenter环境变量的支持，所以要在Teamcenter系统自带的命令行窗口中（TCServer Command Prompt）运行。

如图 3 – 7 所示，选择"开始"→"所有程序"→"Teamcenter 12"→"tc12_ TC-Server Command Prompt"选项，命令行窗口打开后如图 3 – 8 所示。

图 3 – 7　启动 Teamcenter 命令行窗口

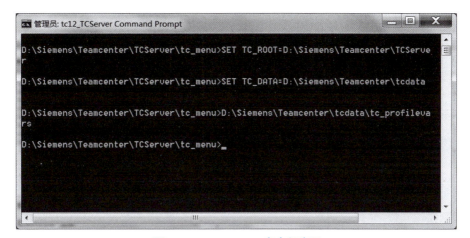

图 3 – 8　Teamcenter 命令行窗口

**4. 编写与执行 make_user 命令的注意事项**

（1）make_user 命令及其参数都是英文小写字母，若写成大写字母则不会被识别。如将"person"写成"Perosn"会报错。

（2）make_user 命令参数之间的空格、间隔符号"－"都是半角字符，也就是输入空格和"－"符号时一定要切换到英文输入法。通常可按 Shift 键或"Ctrl + Shift"组合键实现中/英文输入法切换。

（3）当参数值含有空格时，一定要将参数值包含在英文双引号里，不能使用中文双引号。

如创建卷时有一个 path 参数，代表卷所在的目录路径，假设卷所在目录路径为"D：\Program Files\Teamcenter\volume10"，由于"Program Files"含有空格，所以正确的表示方法是将路径包含在半角双引号中，即表示为：

– path = " D：\Proqram Files\Teamcenter\Volume10"

（4）直接在命令行窗口编辑命令并不方便，建议用户在记事本、写字板等文本编辑器中编写好代码后再复制/粘贴到命令行窗口执行。

要注意的是，复制文本后，使用"Ctrl + C"组合键并不能将文本粘贴到命令行窗口。

正确的方法是在命令行窗口单击鼠标右键，在弹出的菜单中选择"粘贴"命令，如图 3 – 9 所示。

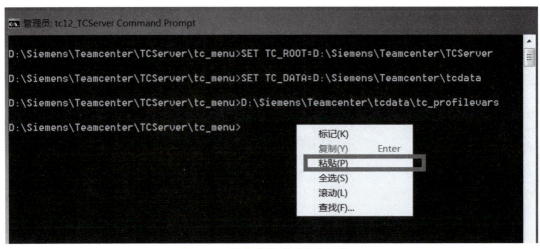

图 3 – 9　将命令粘贴到命令行窗口

（5）可以将 make_user 命令编写为批处理脚本文件，执行时只需要在将写好的批处理脚本文件拖到命令行窗口，然后在命令行窗口中按 Enter 键即可执行。

## 3.3　项目实施

创建卷（手动）

### 3.3.1　手动创建组织结构

本节在 Teamcenter "组织"应用程序中手动创建表 3 – 5 所示的组织对象及结构。

表 3 – 5　组织对象及结构（手动创建任务）

| 车床项目组 | 姓名 | 用户名 | 角色 | 卷 | 创建方式 |
|---|---|---|---|---|---|
| 溜板箱组 | 编者 | u011 | 工艺设计师 | Volume4 | 手动（自底向上） |
| 管理组 | 徐平 | u01 | 项目经理 | Volume1 | 手动（自顶向下） |

#### 1. 创建卷

操作者：infodba。

操作步骤如下。

（1）在 Teamcenter Portal 窗口的左侧应用程序列表区单击  按钮，在 Teamcenter Portal 窗口中出现"组织"应用程序，如图 3 – 10 所示。

（2）在"组织"应用程序的左下部区域选择"卷"节点，右侧出现卷的操作面板，如图 3 – 10 所示。

图 3 – 10  创建卷

（3）在卷的操作面板中依次填写"卷名""节点名称""机器类型""UNIX 路径名称"或"Windows 路径名称"，如图 3 – 10 所示。

（4）"ID 类型"选择"FSC"，ID 值需要根据服务器的 FMS 配置正确填写。用户可以单击图 3 – 7 所示"FMS 配置"区域的"显示"按钮，在弹出的 FMS 配置信息中找到"fsc id"，然后选中 ID 值，按"Ctrl + C"组合键将其复制下来。

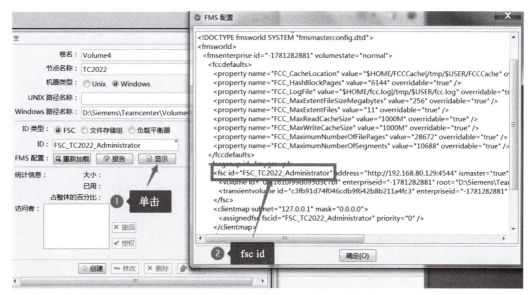

图 3 –11  查看 FSC ID 值

（5）单击"创建"按钮，完成卷 Volume4 的创建。在操作过程中用户指定和输入的相关参数参考表 3 –5，请根据表中说明输入。

（6）按照上述步骤，依次创建表 3 –6 所示的其余卷。

表3-6  组织结构表（手动创建任务）

| 输入项 | 输入值 | 说明 |
|---|---|---|
| 卷名 | Volume4 | 根据任务确定 |
| 节点名称 | TC2022 | 服务器计算机名称或服务器 IP 地址 |
| 路径名称 | "Windows 路径名称"为<br>D：\Siemens\Teamcenter\volume4 | 根据服务器操作系统类型选择<br>UNIX 或 Windows |
| ID 类型 | FSC | FSC 是 Teamcenter 自带的文件服务 |
| ID 值 | FSC_TC2022_Administrator | 不能输错，要根据 FMS 服务器配置输入 |

### 2. 自底向上创建编者

自底向上创建组织结构，是在组织对象列表中进行操作，一般按照下面的步骤创建人员、分配角色并加入组。

自底向上
创建编者

（1）创建人员的信息。

（2）创建角色。

（3）创建组，将角色加入组。

（4）创建用户，指定人员和默认组，自动分配默认角色。

1）创建人员

操作者：infodba。

操作步骤如下。

（1）在 Teamcenter Portal 窗口的左侧应用程序列表区单击 ▦ 组织 按钮，在 Teamcenter Portal 窗口中出现"组织"应用程序。

（2）在"组织"应用程序的左下部区域（即组织对象列表）选择"人员"节点，在"组织"应用程序的右侧出现人员的定义操作面板，如图3-12所示。

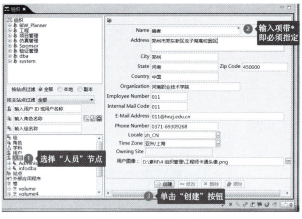

图3-12  创建人员

（3）在人员的定义操作面板中依次填写所需信息，然后单击"创建"按钮，人员创建完成。其中带"＊"号的输入项是必须指定的参数，创建人员时只有"Name"参数是必须输入的，其他参数可根据需要选择性输入。

（4）当需要修改人员信息时，应先选择要修改的人员，然后修改内容，并单击"修改"按钮。

（5）当需要删除人员信息时，应先选择要删除的人员，然后单击"删除"按钮。

图3-13所示为人员创建完成的情况。

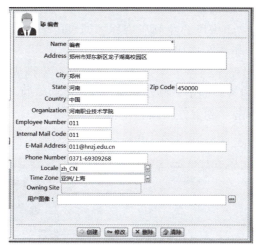

图3-13　人员创建完成的情况

2）创建角色

操作者：infodba。

操作步骤如下。

（1）在Teamcenter Portal窗口的左侧应用程序列表区单击 组织 按钮，在Teamcenter Portal窗口中出现"组织"应用程序。

（2）在"组织"应用程序的左下部区域（即组织对象列表）选择"角色"节点，在"组织"应用程序的右侧出现角色的定义操作面板，如图3-14所示。

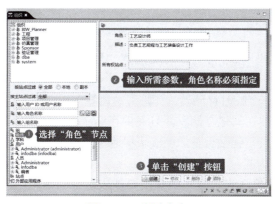

图3-14　创建角色

（3）依次填写所需信息，其中角色名称为必须输入的参数，角色描述为可选输入项，然后单击"创建"按钮，角色创建完成，如图3-14所示。

3）创建组

在组的创建过程中，需要指定组的名称、描述，指定父级组（如有），指定默认卷和分配角色。

由于"编者"用户所在的溜板箱组是车床项目组的子组，所以本部分需要创建两个组，其中车床项目组是父组，需要先被创建。

操作者：infodba。

操作步骤如下（图 3 – 15）。

（1）在 Teamcenter Portal 窗口的左侧应用程序列表区单击 **组织** 按钮，在 Teamcenter Portal 窗口中出现"组织"应用程序。

（2）在"组织"应用程序的左下部区域（即组织对象列表）选择"组"节点，在"组织"应用程序的右侧出现组的定义操作面板。依次填写组的名称、描述。

（3）若有父组，则单击"到父件"按钮做相应选择。

（4）单击"默认卷"按钮，在出现在卷选项中双击选择"volume4"。

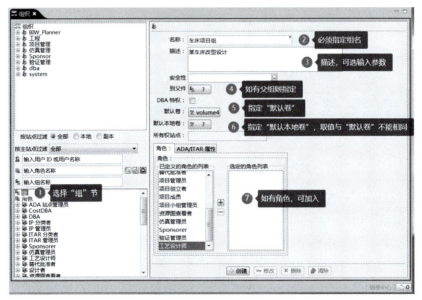

**图 3 – 15　创建车床项目组**

（5）"默认本地卷"可不指定，需要注意"默认本地卷"不能与"默认卷"取值相同。

"默认本地卷"是一个临时存储器，"默认本地卷"允许文件在后台自动传输到最终目标（"默认卷"）之前在本地存储。一旦文件存储在"默认本地卷"中，用户就可以继续工作，而无须等待上传。需要注意，"默认本地卷"的指定值必须与"默认卷"框中的值不同，两者不能指定为同一个卷。

（6）在"已定义的角色的列表"中双击要加入该组的角色，此角色将出现在"选定的角色列表"中。由于这里创建的是一个顶级组，该组中并无角色，所以不选择添加角色。

（7）单击"创建"按钮，车床项目组创建完成。

请读者按照上述步骤，创建溜板箱组，并将其父组指定为车床项目组，如图 3 – 16所示。

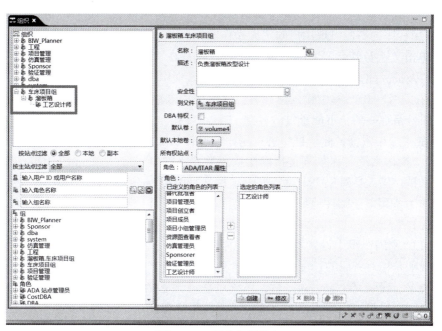

图 3-16　创建溜板箱组

4）创建用户

下面为名为"编者"的人员，创建一个名为"u011"的用户（图 3-17）。

操作者：infodba。

操作步骤如下。

图 3-17　创建用户

（1）在 Teamcenter Portal 窗口的左侧应用程序列表区单击 █ 组织 按钮，在 Teamcenter Portal 窗口中出现"组织"应用程序。

（2）在"组织"应用程序的左下部区域（即组织对象列表）选择"用户"节点，在"组织"应用程序的右侧出现用户的定义操作面板。

（3）单击"人员姓名"右侧的带头像按钮 🖼，在"已定义的人员的列表"中双击选择要关联的人员，此人员出现在"人员姓名"输入框中。

（4）在"用户 ID"框中输入用户名，这里按要求输入"u001"要注意系统中的用户名即用户账号是唯一的，不能重复。

（5）在"操作系统名称"框中键入用户的操作系统名称。

注意，"操作系统名称"不是指操作系统类型（如 Windows、Linux、UNIX 等）。这个选项的用途是：当人员对象中未设置电子邮件地址时，Teamcenter 将使用用户的"操作系统名称"作为备用电子邮件地址用于接收通知和订阅。此选项可以保持与用户名相同，这里输入"u011"。

（6）在"密码"框中设置符合密码规则的登录密码。

密码规则是指对密码的长度，是否包含数字、特殊字符、大小写字母等密码复杂度和安全性的要求。安装完 Teamcenter 后，系统对密码设定没有要求。

不设置密码也可以创建用户，但该空密码的用户在登录 Teamcenter 系统时会报错。因此，这里设置一个简单密码"123456"即可。

密码规则的配置将在后续内容中介绍。

（7）"最近的系统访问时间"是一个只读项，由于要创建的是一个新用户，所以该项为空。

系统首选项"TC_days_non_login_timeout"用于设置当用户超过多长时间没有登录系统时将停用用户，此首选项的默认设置为 0，即始终允许用户登录。

（8）单击"默认组"按钮图标 🔒 ❓，在弹出的组中选择"溜板箱．车床项目组"。

在 Teamcenter 系统中，一个用户可以属于多个组。默认组是指用户登录时默认进入的组。

（9）"默认卷"是用户登录后默认使用的卷。若不设置用户的"默认卷"，则该用户使用当前组的"默认卷"。建议使用当前组的"默认卷"，而不设置用户的"默认卷"，因此本项不指定。

（10）"用户状态"保持系统默认，选择"活动"。

用户状态分为"活动"和"不活动"两种。"活动"表示该用户可用，"不活动"表示该用户不可用，即禁用该用户。

（11）"将所有权更改为"按钮不可用。此项在删除一个已存在用户时需要使用。当删除一个已存在用户时，需要为该用户所有的数据对象选择一个新的所有者。

（12）"IP 许可证""政府许可证"等（图 3－18）选项涉及 Teamcenter 安全控制体系，除军工、保密级别高的进出口业务外，一般应用场景不做设置。

图 3－18　涉及 Teamcenter 安全控制体系的选项

（13）单击"创建"按钮，完成用户的创建。

### 3. 自顶向下创建一个用户

接下来采用自顶向下的方式创建另一个名为徐平（u01）的用户。该用户信息见表 3-7。

自顶向下创建
一个用户

表 3-7　用户信息

| 车床项目组 | 姓名 | 用户名 | 角色 | 卷 | 创建方式 |
| --- | --- | --- | --- | --- | --- |
| 管理组 | 徐平 | u01 | 项目经理 | Volume1 | 手动（自顶向下） |

自顶向下创建组织结构，一般按照下面的步骤操作。

（1）创建人员。

（2）如果所需要的卷不存在，则需要创建一个所需要的卷（本例中为 Volume1）。

（3）在组织结构树中，按照自顶向下的次序依次创建组织结构。

自顶向下是指按照创建组、添加角色、添加用户并关联到已存在人员的次序创建。

1）创建卷和人员

创建一个名为"Volume1"的卷，添加一个名为"徐平"的人员。相关参数如图 3-19 所示，其中人员只有姓名为必须要指定的参数。

图 3-19　卷和人员信息

2）创建组

操作者：infodba。

操作步骤如下。

（1）在 Teamcenter Portal 窗口左侧应用程序列表区单击 组织 按钮，在 Teamcenter Portal 窗口中出现"组织"应用程序。

（2）在"组织"应用程序的左上部区域（即组织结构树）选择"组织"下方的"车床项目组"节点，在"组织"应用程序右侧出现组的定义和维护操作面板（图 3-20）。

（3）单击"添加子组"按钮（图 3-20）。

（4）在"组织组向导"对话框中，单击"将新组添加为子组"单选按钮，然后单击"下一步"按钮，如图 3-21 所示。

图 3 - 20　添加子组

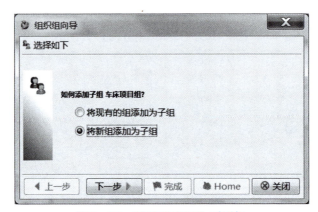

图 3 - 21　"组织组向导"对话框

（5）在"指定新组"界面中，按图 3 - 22 所示完成新组定义，然后单击"完成"按钮。

图 3 - 22　"指定新组"界面

（6）在"组织组向导"对话框中，单击"关闭"按钮（图3-23）。

此对话框有两个选项（单选按钮形式），由于不需要再添加另一个组，而且要新建的角色属于"管理组．车床项目组"子组（不是车床项目组），所以关闭此对话框，完成组的创建。

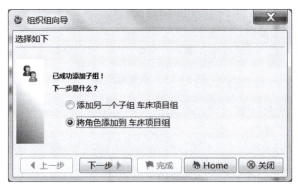

图3-23　成功添加子组

3）添加角色

操作者：infodba。

操作步骤如下。

（1）在Teamcenter Portal窗口的左侧应用程序列表区单击　组织　按钮，在Teamcenter Portal窗口中出现"组织"应用程序。

（2）在"组织"应用程序的左上部区域（即组织结构树）选择"组织"下方的"管理组．车床项目组"节点，在"组织"应用程序右侧出现组的定义和维护操作面板。

（3）单击"添加角色"按钮，如图3-24所示。

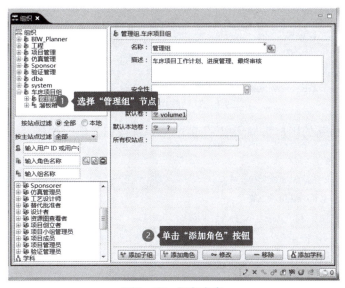

图3-24　添加角色

（4）单击"将新角色添加到组中"单选按钮，然后单击"下一步"按钮（图3-25）。

（5）指定角色名称和描述，然后单击"完成"按钮（图3-26）。

图 3 – 25　添加新角色

图 3 – 26　指定角色名称和描述

（6）单击"将用户添加到：管理组．车床项目组/项目经理"单选按钮，然后单击"下一步"按钮（图 3 –27）。

图 3 – 27　成功添加角色

（7）单击"将新的用户添加到组/角色中"单选按钮，然后单击"下一步"按钮（图 3 –28）。

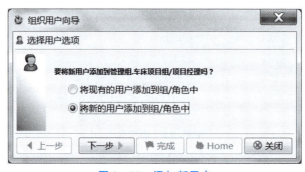

图 3 – 28　添加新用户

（8）在"指定新用户"界面中，参考图 3 –29 指定相关参数。

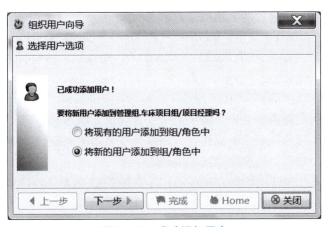

图 3 – 29　输入新用户的信息

（9）在弹出的成功添加用户提示对话框中，单击"关闭"按钮，如图 3 –30 所示。

图 3 – 30　成功添加用户

（10）本任务完成后，新建的组织结构树如图 3 –31 所示。

图 3 – 31　新建的组织结构树

### 3.3.4 使用 make_user 命令创建组织结构

**make_user**
命令的使用（1）

本节介绍 make_user 命令的使用，并利用 make_user 命令完成表 3 – 2 所示组织结构的创建。

在批量创建的用户时，由于一个组包含多个用户，所以通常会给每个组分配默认卷和默认角色。因此，推荐按以下次序创建数据对象。

（1）创建当前系统中没有的卷。

（2）创建组，并为组指定默认卷。组的默认卷必须在创建组之前存在，因此要在创建组之前创建卷。

（3）创建用户，并指定用户所在的组和所属角色。

下面按照上述步骤，使用 make_user 命令逐步完成表 3 – 2 所示组织结构的创建。

本节任务需要输入较多的命令，用户可参考随书资源中 make_user 命令相关的文本文件，也可直接复制相关内容。

#### 1. 创建卷

在前述内容中，系统中已经创建了 Volume1 和 Volume4 两个卷。根据组织结构表，首先创建系统中没有的 Volume2 和 Volume3 两个卷。

在文本编辑器中，编辑好如下两条（行）命令：

make_user – u = infodba – p = infodba – g = dba – volume = Volume2 – fscid = " FSC_TC2022_Administrator" – node = "TC2022" – path = "D：\Siemens1Teamcenter\volume2"

make_user – u = infodba – p = infodba – g = dba – volume = Volume3 – fscid = " FSC_TC2022_Administrator" | – node = "TC2022" – path = "D：\SiemensiTeamcenter\volume3"

特别提醒：上面的两条命令中，每一条命令都应该是单独的一行，排版原因导致一条命令显示为两行，实际一条命令不能换行，两条命令之间才能换行。将编辑好的命令复制到 Teamcenter 命令行窗口，粘贴完后按 Enter 键。

命令执行完成后，可以登录 Teamcenter 客户端检查卷是否创建成功，如图 3 – 32 所示。

#### 2. 创建组

在前述内容中，系统中已经创建了管理组和溜板箱组两个组。根据组织结构表，还需要在系统创建中主轴箱组和进给箱组两个组，并为每个组分配默认卷和默认角色。

在文本编辑器中，编辑好如下两条（行）命令并执行：

```
make_user -u=infodba -p=infodba -g=dba -group="主轴箱.车床项目组" -description="主轴箱改型设计小组"
 -defaultvolume=Volume2 -defaultrole="结构设计师"

make_user -u=infodba -p=infodba -g=dba -group="进给箱.车床项目组" -description="进给箱改型设计小组"
 -defaultvolume=Volume3 -defaultrole="结构设计师"
```

```
make_user -u=infodba -p=infodba -g=dba -group="主轴箱" -parent="车床项目组" -description=
"主轴箱改型设计小组" -defaultvolume=Volume2
 |
make_user -u=infodba -p=infodba -g=dba -group="进给箱.车床项目组" -description="进给箱改型
设计小组" -defaultvolume=Volume3
```

图 3 – 32　用 make_user 命令创建卷

make_user
命令的使用（2）

### 3. 创建一个拥有多重身份的用户

要创建的用户信息见表 3 – 8。

表 3 – 8　要创建的用户信息

| 车床项目组 | 姓名 | 用户名 | 角色 | 卷 |
|---|---|---|---|---|
| 主轴箱组 | 刘一 | u001 | 主任设计师<br>结构设计师 | Volume2 |

表 3 – 8 所示用户有 2 个角色，因此需要两条命令才能完成用户的创建。在文本编辑器中编辑好如下两条（行）命令：

```
make_user -u=infodba -p=infodba -g=dba -user=U001 -password=123456  -person="刘一"
 -group="主轴箱.车床项目组" -role="主任设计师" -volume=Volume2
```

```
make_user -u=infodba -p=infodba -g=dba -user=U001 -password=123456  -person="刘一"
 -group="主轴箱.车床项目组" -role="结构设计师" -volume=Volume2
```

命令执行成功后如图 3 – 33 所示。

用户也可以用新创建的账户登录。要注意：上述命令的 password 参数为可选参数，如果在命令中没有指定用户的密码，则登录密码将自动设置为用户名。

### 4. 通过 –file 参数批量创建用户

同一个用户如果有多重身份，也需要用多行命令语句创建。因此，创建多个用户就得写多行命令语句。make_user 命令提供了一个 – file 参数，这个参数指向一个包含用户身份的文本文件的路径，可以在该参数指定的文件中存储要创建的所有用户的组织结构参数。

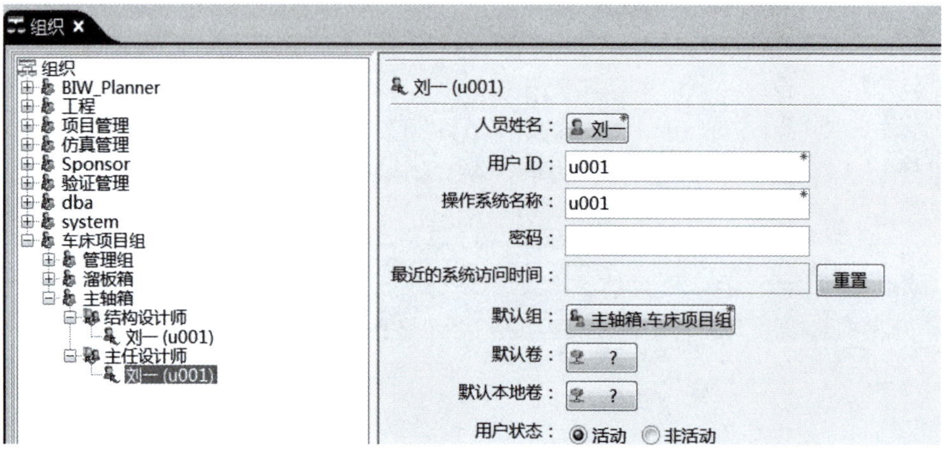

图 3 – 33　用 make_user 命令创建用户

前文已提及，该文本文件可以包含若干行，每行相当于一条记录，每行按"人员姓名|用户名|密码|组|角色"的次序组织数据（不同数据项用"|"间隔）。要注意，即使某个数据项为空，间隔符也不能省略。另外，数据中不需要指定卷，因为通常为组指定默认卷。用户属于某一个组，其卷自然为组的默认卷。

操作步骤如下。

（1）按照一个用户的每个身份为一条记录，每条记录遵循"人员姓名|用户名|密码|组|角色"次序的规则，将表 3 – 1 中还没有被创建的用户整理为表 3 – 9（在 Excel 或 Word 软件中处理）。

在表 3 – 9 中，特意将用户陈江的密码设置为空，但要注意，在数据文件中间隔符不能省略。陈江这条记录在数据文件中应为"陈江|u02||管理组．车床项目组|总设计师"。

表 3 – 9　用户信息

| 姓名 | 用户名 | 密码 | 项目组 | 角色 |
| --- | --- | --- | --- | --- |
| 陈江 | u02 | — | 管理组．车床项目组 | 总设计师 |
| 陈二 | u002 | 123456 | 主轴箱．车床项目组 | 主管设计师 |
| 陈二 | u002 | 123456 | 主轴箱．车床项目组 | 工艺设计师 |
| 张三 | u003 | 123456 | 主轴箱．车床项目组 | 结构设计师 |
| 李四 | u004 | 123456 | 主轴箱．车床项目组 | 强度设计师 |
| 李四 | u004 | 123456 | 主轴箱．车床项目组 | 仿真分析师 |
| 王五 | u005 | 123456 | 主轴箱．车床项目组 | 工艺设计师 |
| 刘一 | u001 | 123456 | 进给箱．车床项目组 | 主任设计师 |
| 刘一 | u001 | 123456 | 进给箱．车床项目组 | 结构设计师 |
| 陈二 | u002 | 123456 | 进给箱．车床项目组 | 主管设计师 |

续表

| 姓名 | 用户名 | 密码 | 项目组 | 角色 |
|---|---|---|---|---|
| 陈二 | u002 | 123456 | 进给箱．车床项目组 | 工艺设计师 |
| 赵六 | u006 | 123456 | 进给箱．车床项目组 | 结构设计师 |
| 赵六 | u006 | 123456 | 进给箱．车床项目组 | 强度设计师 |
| 孙七 | u007 | 123456 | 进给箱．车床项目组 | 仿真分析师 |
| 周八 | u008 | 123456 | 进给箱．车床项目组 | 工艺设计师 |
| 刘一 | u001 | 123456 | 溜板箱．车床项目组 | 主任设计师 |
| 刘一 | u001 | 123456 | 溜板箱．车床项目组 | 结构设计师 |
| 陈二 | u002 | 123456 | 溜板箱．车床项目组 | 主管设计师 |
| 陈二 | u002 | 123456 | 溜板箱．车床项目组 | 工艺设计师 |
| 吴九 | u009 | 123456 | 溜板箱．车床项目组 | 结构设计师 |
| 吴九 | u009 | 123456 | 溜板箱．车床项目组 | 强度设计师 |
| 郑十 | u010 | 123456 | 溜板箱．车床项目组 | 仿真分析师 |

（2）打开记事本程序，将表 3 – 9 中的所有数据复制到记事本程序中。

（3）在记事本程序中，按"Ctrl + H"组合键，弹出"替换"对话框，将"▬▬"替换为"｜"，然后单击"全部替换"按钮，如图 3 – 34 所示。

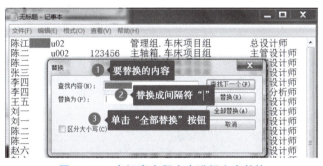

图 3 – 34    在记事本程序中进行文字替换

其中第一条记录，由于密码为空，所以有两个连续的分隔符，即"‖"。替换后的文件内容如图 3 – 35 所示。

（4）在记事本程序中将文件保存，文件保存路径为"D：\Siemens\车床项目组用户信息表．txt"（图 3 – 36）。

（5）在文本编辑器中，编辑好如下命令并执行：

make_user  – u = infodba  – p = infodba  – g = dba  – file = "D：\Siemens\车床项目组用户信息表．txt"

命令执行成功时会返回用户创建成功提示符，如图 3 – 37 所示，用户也可以登录Teamcenter 客户端查看组织结构树，如图 3 – 38 所示。

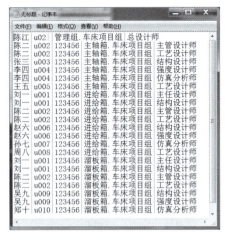

**图 3 – 35　替换后的文件内容**

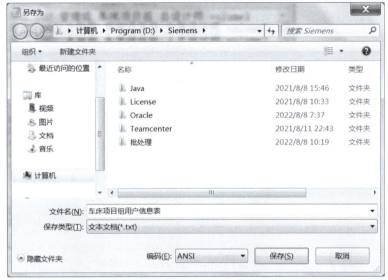

**图 3 – 36　保存用户信息记录文件**

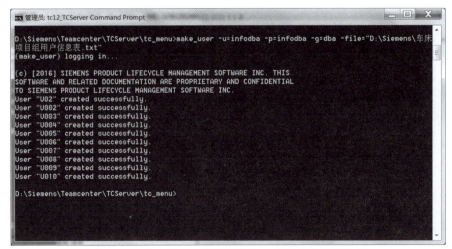

**图 3 – 37　命令行窗口批量创建用户成功后的反馈信息**

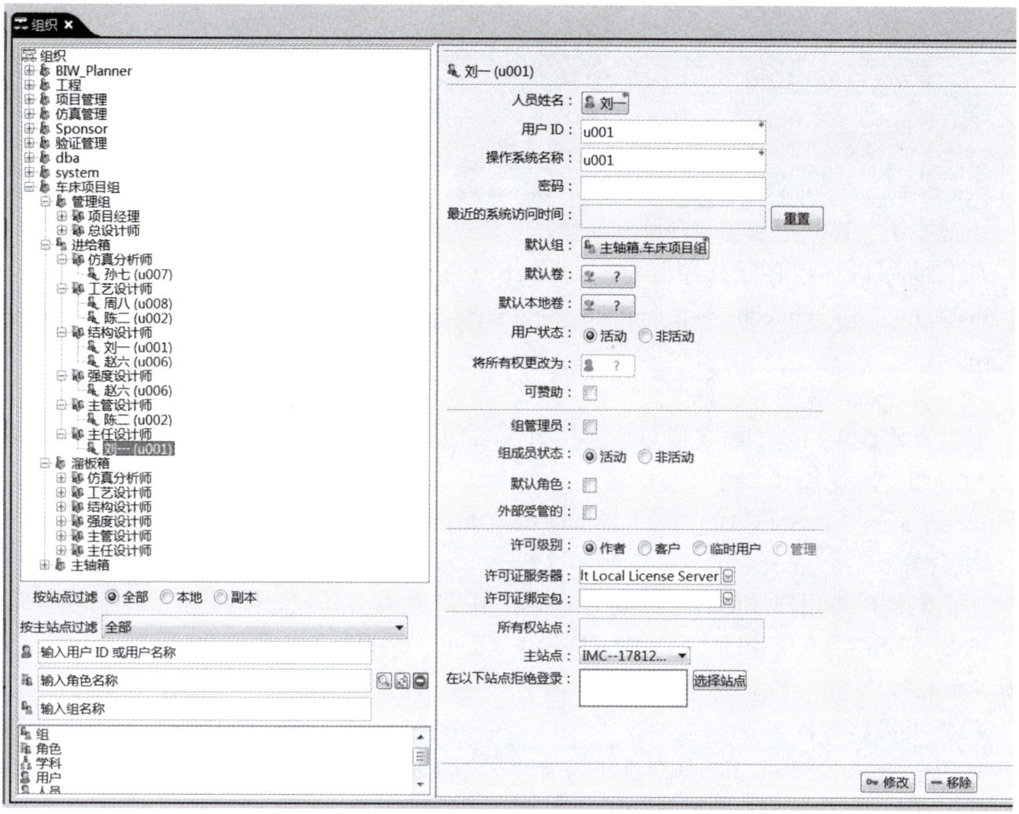

图 3 – 38　批量创建用户成功后的组织结构树

**5. 通过 – update 与 – rename 参数修改组织对象**

– update 与 – rename 是可选参数，必须配合使用。可以使用它们修改现有组、角色或用户。

下面演示这两个参数的用法。为了减少实验任务之间的依赖关系，重新建立一些用于测试的用户和组，见表 3 – 10。

表 3 – 10　用于测试的用户信息

| 组名 | 姓名 | 用户名 | 密码 | 角色 | 卷 |
| --- | --- | --- | --- | --- | --- |
| 组 1. 测试组 | 测试 1 | test1 | test1 | 测试角色 | test_volume1 |
| 组 3. 测试组 | 测试 2 | test2 | test2 | 测试角色 | test_volume2 |
| 组 3. 测试组 | 测试 3 | test3 | test3 | 测试角色 | test_volume3 |

创建表 3 – 10 所示用户的代码如下，其中 rem 是注释语句。

```
rem 下面代码创建卷
make_user -u=infodba -p=infodba -g=dba -volume=test_volume1 -fscid="FSC_TC2022_Administrator" -node="TC2022"
 -path="D:\Siemens\Teamcenter\test_volume1"
make_user -u=infodba -p=infodba -g=dba -volume=test_volume2  -fscid="FSC_TC2022_Administrator" -node="TC2022"
 -path="D:\Siemens\Teamcenter\test_volume2"
make_user -u=infodba -p=infodba -g=dba -volume=test_volume3  -fscid="FSC_TC2022_Administrator" -node="TC2022"
 -path="D:\Siemens\Teamcenter\test_volume3"
```

```
rem 下面代码创建组
make_user -u=infodba -p=infodba -g=dba -group="组1.测试组" -description="测试第1小组" -defaultvolume=test_volume1
make_user -u=infodba -p=infodba -g=dba -group="组2.测试组" -description="测试第2小组" -defaultvolume=test_volume2
make_user -u=infodba -p=infodba -g=dba -group="组3.测试组" -description="测试第3小组" -defaultvolume=test_volume3

rem 下面代码创建用户
make_user -u=infodba -p=infodba -g=dba -user=test1 -password=test1 -person="测试1" -group="组1.测试组" -role="测试角色"
make_user -u=infodba -p=infodba -g=dba -user=test2 -password=test2 -person="测试2" -group="组2.测试组" -role="测试角色"
make_user -u=infodba -p=infodba -g=dba -user=test3 -password=test3 -person="测试3" -group="组3.测试组" -role="测试角色"
```

下面基于上述数据和实验环境开始操作。

（1）将用户 test1 的默认卷由 test_volume1 改为 test_volume3。命令如下：

make_user $-$ u $=$ infodba $-$ p $=$ infodba $-$ g $=$ dba $-$ update $-$ user $=$ test1 $-$ defaultvolume $=$ test_volume3

（2）$-$ update 配合 $-$ rename。

若涉及修改用户名、组名或角色名，则 $-$ update 要配合 $-$ rename 参数使用。下面的代码将组"组1"改名为"组1_重命名"：

make_user $-$ u $=$ infodba $-$ p $=$ infodba $-$ g $=$ dba $-$ update $-$ group $=$ "组1" $-$ rename $=$ "组1_重命名"

下面的代码将用户"test1"改名为"test1_new"，并将其状态修改为"非活动"：

make_user $-$ u $=$ infodba $-$ p $=$ infodba $-$ g $=$ dba $-$ update $-$ user $=$ test1 $-$ rename $=$ test1_new $-$ status $=$ 1

（3）批量重命名。

把用户"test2""test3"分别重命名为"test2_new""test3_new"。用 $-$ file 指向"D:\Siemens\user_modify1. txt"，文件的内容如下：

| test2 |||| rename | test2_new | update

| test3 |||| rename | test3_new | update

然后，在 Teamcenter 命令行窗口中输入一行命令：

make_user $-$ u $=$ infodba $-$ p $=$ infodba $-$ g $=$ dba $-$ file $=$ "D:\Siemens\user_modify1. txt"

（4）把步骤（2）禁用的"test1_new"用户的状态改为"活动"，用 $-$ file 指向"D:\Siemens\user_modify3. txt"，文件的内容如下：

| test1_new |||| status | 0 | update

然后，在 Teamcenter 命令行窗口中输入一行命令：

make_user $-$ u $=$ infodba $-$ p $=$ infodba $-$ g $=$ dba $-$ file $=$ "D:\Siemens\user_modify3. txt"

（5）把"test1_new"用户改名为"test1"，并把其默认卷改回"test_volume1"。用 $-$ file 指向"D:\Siemens\user_modify3. txt"，文件的内容如下：

| test1_new |||| rename | test1 | defaultvolume | test_volume1 | update

然后，在 Teamcenter 命令行窗口中输入一行命令：

make_user $-$ u $=$ infodba $-$ p $=$ infodba $-$ g $=$ dba $-$ file $=$ "D:\Siemens\user_modify3. txt"

（6）file 文件的完整格式。

通过前面的实例，可以完善当有参数 $-$ update 时 file 文件的完整格式如下：

人员 | 原用户 | 密码 | 原组名 | 原角色名 | rename | 新用户名 或 新组名 或 新角色名 | 属性名可省略 | 新属性值可省略 | update

其中，当有 $-$ update 和 $-$ rename 参数时，原用户名、原组名、原角色名都占位，但只能给其中一个赋值。

新用户名、新组名或新角色名要根据原名是用户、组或角色赋予，只赋一个值：如果原来占位并赋值的是用户名，则此处就是新用户名；如果原来占位并赋值的是组名，则此处就是新组名；如果原来占位且赋值的是角色名，则此处就是新角色名。

–rename 是一个可选参数，只在更改用户名、组名、角色名时才需要使用。

属性名可省略，即可不占位，如果属性名占位（如 defalutvolue），则代表要修改该属性，属性必须被赋予新的值。

本节所创建的组织结构是后续项目学习的基础环境。本节任务完成后，已经将所创建的组织结构导出，存放在随书资源的"7.2 导出的组织结构包 . zip"文件中。

### 3.3.5　Teamcenter 组织管理与维护

本节将完成 Teamcenter 组织管理与维护的相关工作任务，包括设置系统管理员、设置密码规则、设置用户默认登录角色、删除用户等。

#### 1. 将用户设置为系统管理员

用上一节创建的一个账号（u02）登录 Teamcenter，然后在应用程序列表区中单击"组织"应用程序按钮，系统会弹出一个"非 DBA 权限"对话框，如图 3－39 所示。

图 3－39　权限受限提示

出现这个问题的原因是 Teamcenter 中的"组织""流程设计器""访问管理器"等应用程序都只有拥有系统管理员权限的用户才能访问。

在 Teamcenter 中，用户具有 DBA 权限只有一个条件，即用户所在的组被赋予 DBA 权限。"infodba"用户具有系统管理员权限，原因是"infodba"用户所在的"dba"组勾选了"DBA 特权"选项，如图 3－40 所示。

图 3－40　用户 infodba 所在的 dba 组

由图 3－40 可知，只要用户所在组定义中勾选"DBA 特权"选项就可以让该组中的所有用户拥有 DBA 权限。由于管理员账户具有强大的数据访问权限，所以必须谨慎控制授予组 DBA 权限。

下面为前面创建的"编者"用户授予 DBA 权限。可以新建一个组再授予这个组 DBA 权限，也可以将"编者"用户加入"infodba"用户所在的"dba"组。本书采用第 2 种方法。

操作者：infodba。

操作步骤如下。

（1）在 Teamcenter Portal 窗口的左侧应用程序列表区单击 ![组织] 按钮，在 Teamcenter Portal 窗口中出现"组织"应用程序。

（2）展开组织结构树，选择"dba"组下的"DBA"节点，在"组织"应用程序右侧单击"添加用户"按钮（图 3－41）。

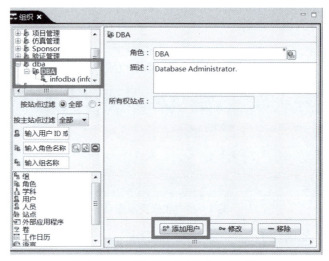

图 3－41　将用户添加到"dba"组

（3）单击"将现有用户添加到角色"按钮，选择"编者"用户，完成后如图 3－42 所示。

图 3－42　"编者"用户已加入"dba"组

（4）用"编者"用户的账号登录 Teamcenter 客户端，打开"组织"应用程序，没有弹出图 3 - 39 所示对话框，说明"编者"用户已经获得 DBA 权限。

赋予 DBA 权限操作过程简单，这里说明几点注意事项。

（1）不要给一个普通组赋予 DBA 权限，一般新建一个管理员组，然后将需要授权的用户加入该组；也可以将需要 DBA 权限的用户加入系统默认的"dba"组。

（2）"infodba"账号是一个特殊的账号，在日常管理维护时建议不要使用"infodba"用户，而是由"infodba"帐号建立具有 DBA 权限的用户来进行相关操作。

（3）用户具有 DBA 权限的唯一要求是其所在的组被赋予 DBA 权限。如果用户所在组没有被赋予 DBA 权限，则即使用户在"DBA"角色下也只是一个普通用户。

### 2. 将用户设置为组管理员

组管理员是可以添加、删除、修改组内成员信息的管理员用户，组管理员必须是该管理组的成员，并且这些权限仅在该组内有效。

组可以有多个组管理员。某个组的第一个组管理员由系统管理员指定，成为组管理员的用户可以将其他组内用户指定为组管理员。

下面将"刘一（u001）"指定为"主轴箱. 车床项目组"的组管理员。

操作者：infodba 或其他系统管理员。

操作步骤如下。

（1）在 Teamcenter Portal 窗口的左侧应用程序列表区单击 【组织】 按钮，在 Teamcenter Portal 窗口中出现"组织"应用程序。

（2）展开组织结构树，选择"主轴箱"→"主任设计师"→"刘一（u001）"节点，在"组织"应用程序右侧点勾选"组管理员"选项然后单击"修改"按钮，如图 3 - 43 所示。

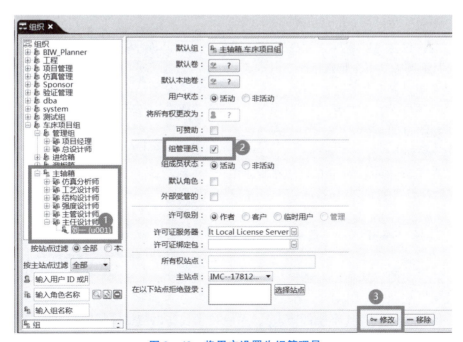

图 3 - 43　将用户设置为组管理员

（3）用户可以用"刘一（u001）"的账号登录 Teamcenter 客户端，打开"组织"应用程序，然后选择主轴箱组，看能否对该组进行管理（如添加用户、添加角色等）。

### 3. 设置密码规则

Teamcenter 允许在创建用户时对密码规则进行限制。这些密码规则限制参数是通过系统首选项设置进行控制的，并在创建密码时生效。这些首选项对现有用户的密码不产生影响。

Teamcenter 中有以下首选项用于设置密码规则，见表 3 – 11。

表 3 – 11　设置密码规则的首选项

| 首选项 | 说明 |
| --- | --- |
| PASSWORD_minimum_characters | 密码最小长度，默认为 0，代表无限制 |
| PASSWORD_mixed_case_required | 是否包含大小写字母，默认为 false |
| PASSWORD_minimum_alpha | 密码需要包含字母的最少个数 |
| PASSWORD_minimum_digits | 密码需要包含数字字符的最少个数 |
| PASSWORD_special_characters | 密码能够包含的特殊字符 |
| PASSWORD_minimum_special_chars | 密码需要包含特殊字符的最少个数 |

注意，密码不得为空或包含任何空格字符，如空格、制表符、换行符、回车符、换页符或垂直制表符。

下面配置一个密码规则，要求如下。

（1）系统的密码最小位数为 6 位。

（2）密码必须包含大小写字符。

（3）允许包含"#""＊""％"等 3 种特殊字符，且必须包含 1 个特殊字符。

（4）必须包含 1 个字符。

（5）必须包含 1 个数字。

操作者：infodba。

操作步骤如下。

（1）在 Teamcenter Portal 窗口的左侧应用程序列表区单击"我的 Teamcenter"应用程序按钮。

（2）选择"编辑"→"选项"命令（图 3 – 44）。

（3）在弹出的"选项"对话框中，单击下方的"搜索"链接（图中①），在"搜索关键字"框中输入"passw"（不全部输入），系统自动过滤出与密码规则相关的选项（图中③）（图 3 – 45）。

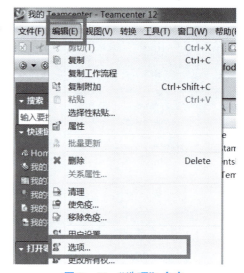

图 3 – 44　"选项"命令

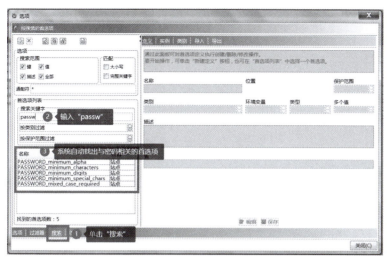

图 3 - 45 "选项" 对话框

（4）在左侧选择 "PASSWORD_minimum_characters" 首选项，然后单击 "编辑" 按钮（图 3 - 46）。

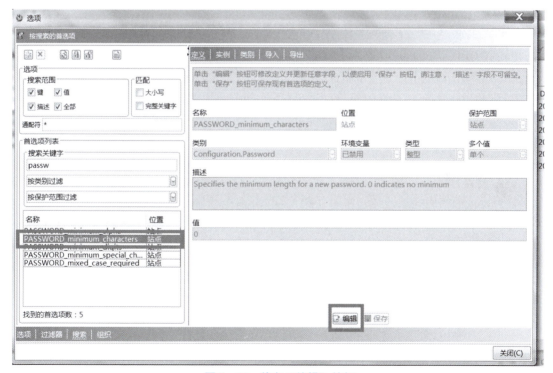

图 3 - 46 单击 "编辑" 按钮

（5）将 "环境变量" 设置为 "已启用"，"值" 设置为 "6"，单击 "保存" 按钮（图 3 - 47）。

（6）重复步骤（4）～（5），完成其余首选项的设置。相关首选项名称及赋值如下：

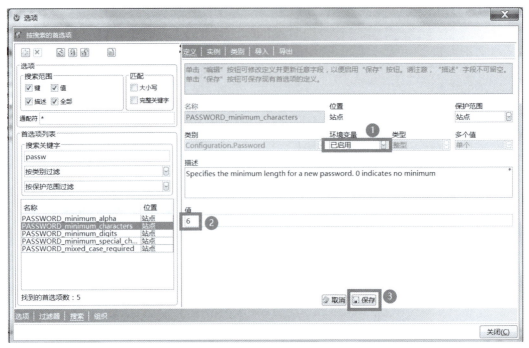

**图 3 – 47　设置完成后单击"保存"按钮**

PASSWORD_minimum_characters = 6

PASSWORD_mixed_case_required = true

PASSWORD_special_characters = #，＊,%

PASSWORD_minimum_special_chars = 1

PASSWORD_minimum_alpha = 1

PASSWORD_minimum_digits = 1

（7）设置完成后，用户可以进入"组织"应用程序，选择一个用户，然后修改其密码，发现设置的密码规则已经起作用（图 3 – 48）。

**图 3 – 48　密码规则检测提醒**

### 4. 设置用户默认的组和角色

对于有多重身份的用户（多个组、多个角色），其登录后默认身份属于哪个组的什么角色是由用户的默认组和角色决定的。

前面创建的"刘一（u001）"用户分别属于"主轴箱""进给箱"和"溜板箱"组，且有"主任设计师""结构设计师"等角色。这里将其默认身份设置为"溜板箱"的"主任设计师"角色。操作前，用户的默认身份为"主轴箱"组的"主任设计师"角色（图3－49）。

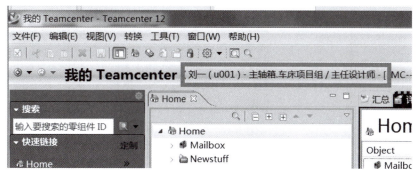

**图3－49 "刘一（u001）"用户当前的默认身份**

操作者：刘一（u001），即用户本人。

操作步骤如下。

（1）用户登录 Teamcenter 客户端。

（2）在 Teamcenter Portal 窗口的左侧应用程序列表区单击"我的 Teamcenter"应用程序按钮。

（3）选择"编辑"→"用户设置"命令（图3－50）。

**图3－50 "用户设置"命令**

（4）在弹出的"用户设置"对话框中，切换到"登录"选项卡，将"默认组"改为"溜板箱．车床项目组"，并将所有组的"默认角色"改为"主任设计师"，然后单击"确定"按钮（图3－51）。

（5）设置完成后退出系统，用所设置账号重新登录 Teamcenter 客户端，显示已经"刘一（u001）"用的默认身份切换为所设置的"溜板箱"组的"主任设计师"角色（图3－52）。

图 3-51　"用户设置"对话框

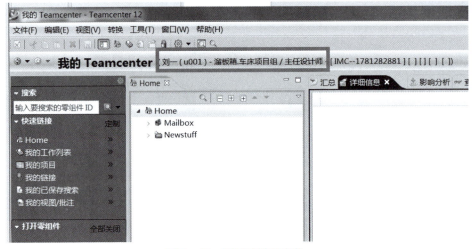

图 3-52　已更改默认身份

**5. 查看其他用户的工作区**

通常用户登录 Teamcenter 客户端，首先进入的是个人的"Home"文件夹，也称为"我的 Teamcenter"。下面介绍如何看到其他用户的工作区。

操作者：infodba。

操作步骤如下。

（1）用户登录 Teamcenter 客户端。

（2）在 Teamcenter Portal 窗口的左侧应用程序列表区单击"我的 Teamcenter"应用程序按钮。

（3）选择"视图"→"组织"命令（图 3-53）。

图 3 – 53　"组织"命令

（4）在弹出的"组织结构图"对话框（图 3 – 54）中，选择一个用户（图示为"刘一（u001）"），然后，在右侧可以看到"Home""Mailbox""Newstuff"链接，单击"Home"链接，结果如图 3 – 55 所示。

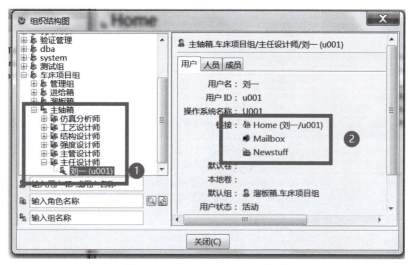

图 3 – 54　"组织结构图"对话框

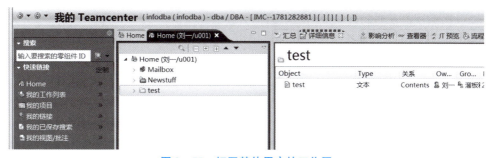

图 3 – 55　打开其他用户的工作区

6. 删除组织对象

在生产系统中，一般不会删除用户和项目组。对于离职人员也遵循先移交数据所有权，再将用户状态改为"非活动"的处理方法，切不可草率地将正式系统的用户删除。

介绍组织对象的删除操作，主要是解决初学者由于操作失误而建立大量无效组织对象，导致无法继续学习的问题。

删除用户的方法如下。

（1）用户加入组织结构后（属于某些组的某些角色），不能直接删除，只能将组织结构关系移除后才能删除。

（2）移除组织结构关系时，应先删除用户在非默认组的组织结构关系。

如果用户所在的组不是其默认组，可以按自底向上的次序删除用户与该组的组织结构关系，首先将用户从角色移除，再把角色从组中移除，最后将组从子组中移除。

（3）将用户与所有非默认组的组织结构关系移除后，如果存在用户的默认组，则不能将用户从默认组中删除，只能在组织结构列表中将用户直接删除（不能在组织结构树中移除）。

图 3－56 所示，"测试 3"用户属于"组 2""组 3"两个组，其中"组 3"是用户的默认组。下面介绍如何移除该用户的组织结构关系并删除其账户。

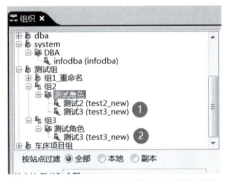

图 3－56　要删除的用户的组织结构关系

操作者：infodba 或其他系统管理员。

操作步骤如下。

（1）在 Teamcenter Portal 窗口的左侧应用程序列表区单击 组织 按钮，在 Teamcenter Portal 窗口中出现"组织"应用程序。

（2）删除用户在非默认组中的组织结构关系。

"组 2"不是用户的默认组，因此先将用户从"组 2"移除。

在"组织"应用程序的右上部区域（即组织结构树）选择"组 2"→"测试角色"→"测试 3"用户，在右侧出现的定义和操作面板单击"移除"按钮，如图 3－57 所示。

（3）在弹出的"移除用户确认"对话框中单击"是"按钮（图 3－58）。

（4）按步骤（2）和（3）的方法，选择"组 3"→"测试角色"→"测试 3"用户，在右侧的定义和操作面板中单击"移除"按钮，由于"组 3"是其默认组，所以系统弹出"错误"对话框，如图 3－59 所示。

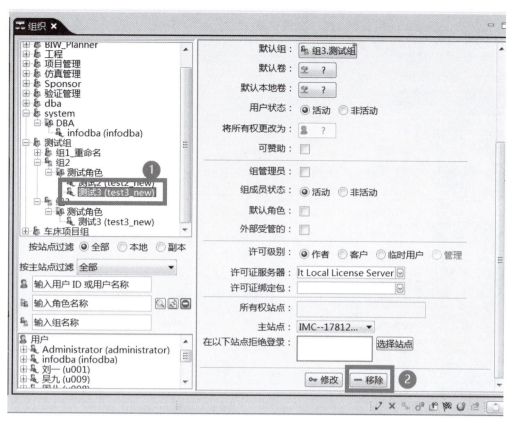

图 3-57　选择用户后单击"移除"按钮

图 3-58　"移除用户确认"对话框

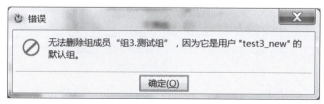

图 3-59　将用户从默认组中移除时系统报错

（5）如果坚持要删除该用户，可以在"组织"应用程序左下角的组织对象列表区展开"用户"列表并选择"测试 3"用户，然后在右侧定义和操作面板中单击"删除"按钮，如图 3-60 所示。

（6）在弹出的"删除用户"对话框中，建议勾选"更改对象所有权"复选框，并选择一个用户（如"测试 2"用户）来接收该用户的数据对象，然后单击"删除"按钮（图 3-61）。

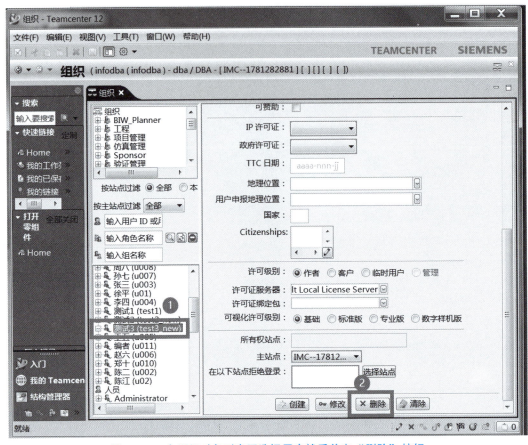

图 3－60　在组织对象列表区选择用户然后单击"删除"按钮

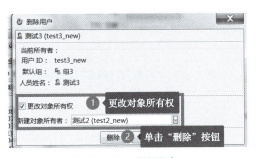

图 3－61　删除用户

完成操作后系统成功删除"测试3"用户。

（7）最后，可以在组织结构树上将已删除用户所属的角色移除，并在组织对象列表区将该用户关联的人员删除，必要时可以将其原来所属的组删除。

　任务评价

项目 3 任务评价见表 3－12。

表 3 – 12　项目 3 任务评价

| 评价项目 | 分值 | 得分 | |
|---|---|---|---|
| | | 自评分 | 师评分 |
| 熟悉 Teamcenter 组织管理界面 | 10 | | |
| 理解 Teamcenter 组织对象及组织结构 | 10 | | |
| 了解在 Teamcenter 中创建组织结构的方法 | 5 | | |
| 使用 Temcenter 定义组织结构 | 10 | | |
| 使用 Temcenter 定义管理权限 | 10 | | |
| 使用 Temcenter 创建用户账户 | 10 | | |
| 使用 Temcenter 管理组织结构 | 10 | | |
| 使用 Temcenter 搜索组织 | 10 | | |
| 使用 Temcenter 手动设置账户 | 10 | | |
| 学习认真，按时出勤 | 10 | | |
| 具有自主探究能力 | 5 | | |
| 总计得分 | | | |

项目 3　人员组织建模

- 了解 BMIDE 的基本功能。
- 掌握 BMIDE 模块的安装方法。
- 熟悉 BMIDE 界面。
- 能启动 BMIDE、创建 BMIDE 项目。

- 创建项目业务对象和配置业务规则。
- 向项目业务对象添加属性。
- 熟练部署业务建模器。

- 具有认真、细致的工作态度。
- 培养自主探究的工作精神。

## 4.1　项目描述

### 4.1.1　项目内容

在本项目中，定制一个阀门零组件，其主要参数如图 4 – 1 所示。项目要求如下。

阀门类型：截止阀
适用介质：水介质
连接形式：螺纹
材质：黄铜
公称直径：20 mm
压力范围：≤16 Mpa
适用温度：≤100 ℃
产地：河南（华中）

图 4 – 1　阀门零组件的主要参数

定制名称为"Valve Item"（阀门）的外购零组件，其由结构设计师角色选用，其他的用户不能创建该零组件。

（1）详细属性设置见表4-1。

表4-1　阀门零组件的属性

| 序号 | 属性名 | 英文名称 | 数据类型 | LOV | 依附对象 |
|---|---|---|---|---|---|
| 1 | 阀门类型 | Valve type | String［32］ | 是 | 零组件主属性表单 |
| 2 | 适用介质 | Applicable medium | String［32］ | 否 | 零组件 |
| 3 | 连接形式 | Connection form | String［32］ | 否 | 零组件 |
| 4 | 材质 | Material | String［32］ | 否 | 零组件版本 |
| 5 | 公称直径 | Nominal diameter | Integer | 否 | 零组件版本主属性表单 |
| 6 | 压力范围 | Pressure range | Integer | 否 | 零组件版本主属性表单 |
| 7 | 适用温度 | Applicable temperature | Integer | 否 | 零组件版本主属性表单 |
| 8 | 产地 | Made in | String［32］ | 是 | 零组件版本主属性表单 |

（2）单位定义。

（3）阀门的零组件ID由系统自动生成，编号规则为"Valve_"+8位流水号，例如Valve_10000001。版本ID为计数显示，最小值为"01"，最大值为"99"。

（4）对于所有零组件版本，只有当工作状态的版本发布了，才能做修订升级，即只有一个版本为工作版本。

（5）该外购零组件下可以存放供应商提供的一张DWG格式的二维图。如果系统不支持DWG文件，则需要定制该类型的数据集。度量单位见表4-2。

表4-2　度量单位

| 编号 | 名称 | 本地化描述 |
|---|---|---|
| 1 | g | 克 |
| 2 | kg | 千克 |
| 3 | l① | 升 |
| 4 | m | 米 |
| 5 | ml② | 毫升 |
| 6 | mm | 毫米 |

①，②这里与国际单位制写法不同。

（6）通过设置深层复制规则，可以将源零组件版本下的 Word、Excel、PowerPoint 文档复制到新对象下，UGMaster、UGPart 及 DWG 类型的数据集不复制到新对象下。

（7）该零组件与二维图纸（DWG 格式文件）的关系为 2D_Relation，且每个零组件版本下只能存在 1 张二维图纸，当用户试图存放多于 1 张的二维图纸时，将弹出错误提示。

（8）该零组件选用时一般采用国标推荐的型号，因特殊原因会选择向供应商定制。对于国标件在零组件流程审批时走快速发布流程并标记为"推荐标准件"状态，定制件需要走选用审核流程，并标记为"定制试用件"状态。

### 4.1.2　项目实施步骤

本项目的主要实施步骤如下。

（1）进行 BMIDE 定制业务对象工作流程与基本操作方法练习。

（2）根据项目要求，在 BMIDE 中完成定制业务对象的各项任务，主要包括：①新建业务对象并添加属性；②在零组件属性表中添加属性并本地化；③创建 LOV 并附加到属性；④定制 UOM；⑤定制新的数据集；⑥定制业务规则，包括 GRM 规则、版本规则、命名规则、深层复制规则、显示规则等；⑦定制业务对象图标。

下面将上述每一个步骤安排为一个小节任务实施。

## 4.2　知识准备

BMIDE 的全称是 Business Modeler Integrated Development Environment，中文通常称之为 Teamcenter 业务建模器，是用于配置和扩展 Teamcenter 安装的数据模型的工具，可定义 Teamcenter 管理的数据模型和业务规则。

BMIDE 与 Teamcenter 胖客户端在技术实现途径上相同，两者都构建在 Eclipse 平台上，其本质都是基于 Eclipse 开发平台，使用 Eclipse 插件和扩展点技术扩展而来的 RCP 应用程序，是可以连接到 Teamcenter 服务器的另一种客户端。

### 4.2.1　BMIDE 的基本功能

BMIDE 是一个用于在默认 Teamcenter 数据模型对象之上添加用户自己的数据模型对象的工具。BMIDE 可以将用户自定义的数据模型对象添加到 Teamcenter 默认的数据模型对象之上。它通过 COTS（商业产品供应架）数据模型将用户自定义的数据模型与标准的数据模型分离开来从而完成其功能。数据模型对象被保存到为应用程序服务并包含数据模型对象的模板中（也称为一个解决方案）。当用户利用 BMIDE 创建数据模型时，此数据模型就已经被保存到它自己的模板中。当用户开发数据模型时，可以将其部署到测试服务器上以得到预期的效果。完成测试后，用户就可以利用 TEM 将数据模型打包安装形成产品的模板。

图 4-2 所示是 BMIDE 的常用功能。其说明如下。

#### 1. 创建业务对象

可以创建诸如零组件、数据集之类的自定义业务对象。

**2. 管理属性**

管理属性，即管理附加到类和业务对象的零组件特性参数，例如名称、编号、材料等。

**3. 创建值的选项列表**

为业务对象上的属性创建值的选项列表，类似下拉选择列表，如产地、指定范围的供应商等。

**4. 创建关系规则**

创建一般关系管理（GRM）规则，以定义两个业务对象之间的关系。典型的如系统默认的零组件下面只能有一个 UGMaster 数据集就是一种关系规则。

**5. 创建深层复制规则**

创建一种规则，以定义零组件版本业务对象在 Teamcenter 中默认的复制和粘贴的方式，比如只能复制对象（复制一个副本）。

**6. 创建命名规则**

创建一种规则，以定义对象的命名方式，如指定零组件 ID 的名称必须加上某个前缀或后缀等。

**7. 创建显示规则**

创建一种规则，以限制可由某特定组或角色创建该对象的规则类型，如规定工艺对象只能由工艺设计师创建。

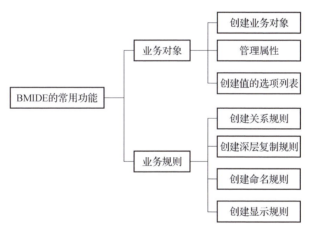

图 4-2　BMIDE 的常用功能

## 4.2.2　BMIDE 的安装

BMIDE 可视为一个独立的客户端，可以在任何能连接到 Teamcenter 服务器的机器上安装 BMIDE。安装 BMIDE 的机器不要安装 Teamceter 2 层或 4 层体系结构胖客户端，但实际使用时为方便测试，一般会在安装 BMIDE 的机器上同时安装 Teamcenter 胖客户端。

**BMIDE 的安装**

BMIDE 是 Teamcenter 的一个可选安装项，其安装方法与安装 Teamcenter 胖客户端类似，主要安装步骤如下。

（1）以系统管理员身份运行 Teamcenter 安装包中的"Tem. bat"文件。

（2）在弹出的语言选择框中选择"简体中文"选项，单击"确定"按钮。

（3）"部署选项"选择"Teamcenter"，单击"下一步"按钮。

（4）在"安装/升级"界面单击"安装"按钮。

（5）在"介质位置"界面单击"下一步"按钮。

（6）在"配置"界面设置 ID 和描述。其中 ID 不能有空格。推荐都设置为 BMIDE。

（7）在"解决方案"界面勾选"业务建模器 IDE"复选框。

（8）在"功能部件"界面勾选"两层业务建模器 IDE"复选框，"安装目录"可以重新指定，然后单击"下一步"按钮（图 4-3）。

**图 4-3　选择功能部件和指定安装目录**

（9）此后一直单击"下一步"按钮，在"两层结构服务器设置"界面，需要指定 TC_DATA 所在的目录（图 4-4）。

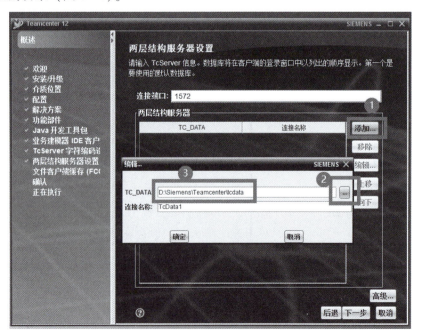

**图 4-4　指定 TC_DATA 所在的目录**

4

项目 4 BMIDE 业务对象建模

（10）在"文件客户端缓存（FCC）设置"界面，单击"使用当前的 FCC"单选按钮（如果此前没有安装 Teamcenter 胖客户端，就单击"使用新的 FCC"单选按钮）（图 4 – 5）。

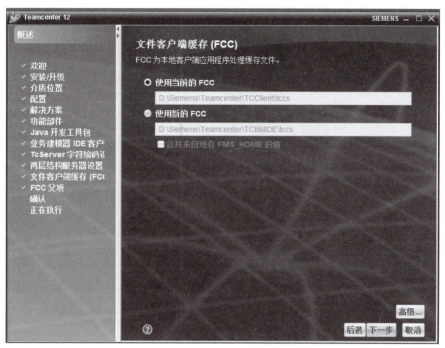

**图 4 – 5 "文件客户端缓存（FCC）设置"界面**

（11）在"FCC 父项"界面指定 FSC 服务器的计算机名或 IP 地址（图 4 – 6）。

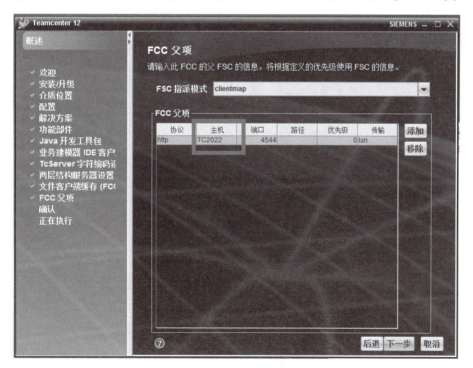

**图 4 – 6 FSC 主机设置**

（12）单击"开始"按钮（图4-7）。

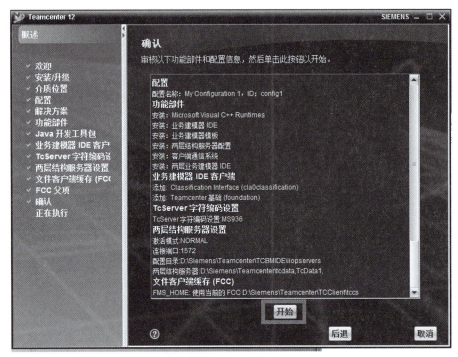

图4-7　开始安装

（13）安装完成（图4-8）。

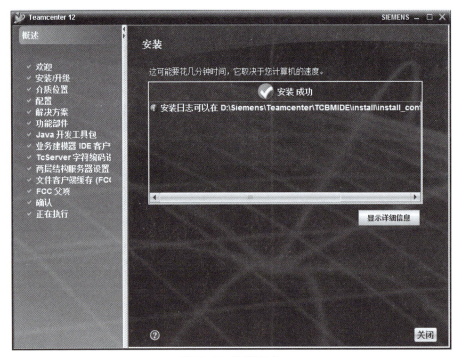

图4-8　安装完成

### 4.2.3 启动 BMIDE

（1）选择"开始"→"所有程序"→"Teamcenter"→"Business Modeler IDE"选项（图 4 – 9）。

（2）指定工作区目录（图 4 – 10）。

建议单击"浏览"按钮，选择一个用户规划的目录作为项目工作区，以后创建的项目默认存储在该路径下。该路径在后续新建项目时也可以再次更改。

（3）在出现的"欢迎"透视图中，单击右侧的"Workbench"图标（图 4 – 11），程序将进入 BMIDE 标准透视图（图 4 – 12）。

**图 4 – 9　从程序菜单启动 BMIDE**

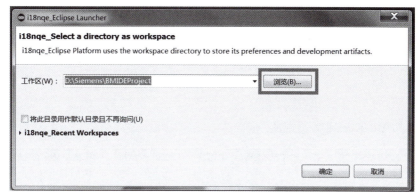

**图 4 – 10　指定工作区目录**

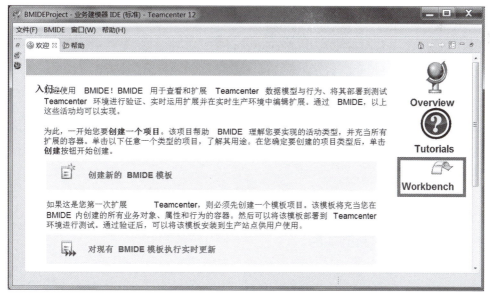

**图 4 – 11　"欢迎"透视图**

图 4 - 12　BMIDE 标准透视图

（4）透视图操作（图 4 - 13）。

①单击右上角的"打开透视图"按钮。

②在弹出的对话框中选择"高级"选项，单击"确定"按钮。

③关闭"帮助"透视图。

④关闭"BMIDE 助理"透视图。

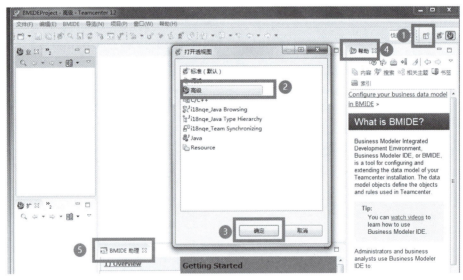

图 4 - 13　透视图操作

### 4.2.4　创建一个新的项目

（1）选择"文件"→"新建"→"项目"命令，选择"新建业务建模器 IDE 模板项目"选项，然后单击"下一步"按钮（图 4 - 14）。

BMIDE 创建项目
及基本使用

图 4 – 14    选择项目模板

（2）按照向导定义项目属性（图 4 – 15）。

①前缀：C9_。规定前缀是 2 ~ 4 位字符，不能有空格，第一个字符必须是大写字母，第二个字符必须是 4 ~ 9 的数字。不能使用数字 0，1，2，3，因为 0 和 1 是为西门子 PLM 软件模板保留的，2 和 3 是为第三方模板开发合作商保留的。

②模板名称：c9samplebmideproject。前面 2 位为前缀，不能使用大写字母。

③模板显示名称：Sample bmide project。

④模板描述：这是一个为学习 BMIDE 而创建的项目。

图 4 – 15    定义项目属性

⑤相关模板目录建议保持系统默认值，勾选"使用默认位置"复选框。

⑥单击"下一步"按钮。

（3）"相关模板"按系统默认选择"foundation"，然后单击"下一步"按钮。

（4）语言根据需要选择，建议勾选"en_US – 英文（美国）"和"zh_CN – 中文（中国）"复选框（图 4 – 16）。

图 4 – 16　语言环境设置

（5）完成语言环境设置后，可以直接单击"完成"按钮。

## 4.2.5　项目属性设置

（1）打开项目属性对话框（图 4 – 17）。

①单击"导览器"按钮。

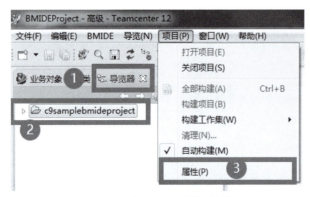

图 4 – 17　打开项目属性对话框

②选择导览器下方的项目文件夹"c9samplebmideproject"。

③选择"项目"→"属性"命令。

（2）在项目属性对话框中，检查项目参数设置（图4－18）。

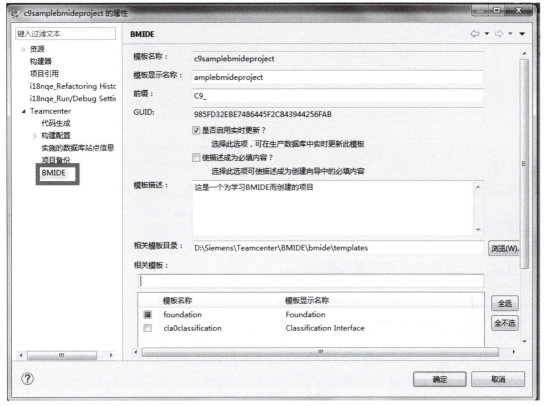

图4－18　检查项目参数设置

①展开项目属性对话框左侧的"Teamcenter"节点，选择"BMIDE"节点。

②检查下面的属性设置。

模板名称：c9samplebmideproject。

模板显示名称：amplebmideproject。

前缀：C9_。

③确认已勾选"是否启用实时更新?"复选框，这是标准模板的默认设置。

④"相关模板"选择"foundation"。

（3）在项目属性对话框中，检查项目备份设置（图4－19）。

①展开项目属性对话框左侧的"Teamcenter"节点，选择"项目备份"节点。

②确认已勾选"启用到本地文件系统的备份"和"启用到Teamcenter数据库的备份"复选框。

③单击"取消"按钮。

提醒：项目备份保留系统默认设置，不要做任何改动。

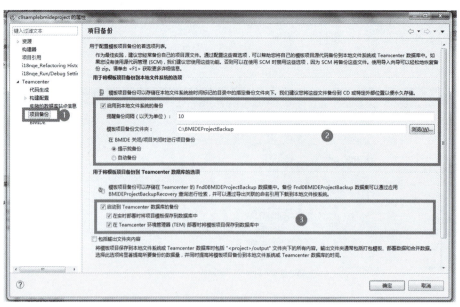

图 4 – 19　检查项目备份设置

## 4.2.6　编辑服务器连接概要表

打开"首选项"对话框（图 4 – 20）。

（1）选择"窗口"→"首选项"命令，打开"首选项"对话框。

（2）展开对话框左侧的"Teamcenter"节点，选择"服务器连接概要表"节点。

（3）在右侧面板选择"TcData1"，单击"修改"按钮。

（4）在弹出的对话框（图 4 – 21）中，输入以下信息。

用户 ID：infodba；

组：dba；

角色：DBAaa。

图 4 – 20　"首选项"对话框

图4-21 设置服务器连接概要表参数

### 4.2.7 新建一个扩展文件（Extension File）

提供扩展文件是为了方便组织扩展工作，用于保存自定义数据模型的定义。将扩展放入哪个文件并不重要，因为在部署之前，创建的所有扩展都汇总到一个统一的模板文件中。如果在创建扩展时忘记更改活动扩展文件，则会将所有更改都放在默认的"default.xml"文件中。建议在扩展数据模型之前指定要保存工作的扩展文件。

一次只能有一个XML文件可以接收扩展。设置活动扩展文件后，所有扩展都将保存到此文件中，直到将活动扩展文件设置为另一个文件。

选择"BMIDE"→"组织扩展"→"添加新的扩展文件"命令（图4-22）。

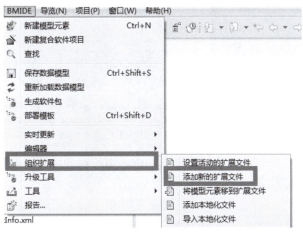

图4-22 "添加新的扩展文件"命令

（1）输入文件名"sampleitem_business_object. xml"。

（2）确认勾选了"R 设置为活动的扩展文件"复选框。

（3）单击"完成"按钮。

（4）切换到"导览器"透视图，展开"c9samplebmideproject"项目文件夹，展开"extensions"文件夹。

（5）确认已经存在"sampleitem_business_object. xml"，其图标上有一个绿色向左的箭头，表示该文件当前被设置为活动的扩展文件（图 4 - 23）。

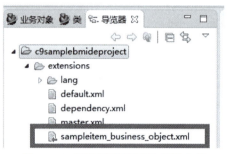

图 4 - 23　已创建的活动的扩展文件

### 4.2.8　熟悉 BMIDE 界面

图 4 - 24 所示是项目在 BMIDE 在高级透视图中的界面，高级透视图提供了功能齐全的用户界面，包含业务对象、类、项目文件和数据模型扩展的单独透视图。

图 4 - 24　BMIDE 在高级透视图中的界面

BMIDE 透视图是一个包含一系列透视图和内容编辑器的可视容器，其界面主要由菜单栏、工具栏和若干透视图组成。

最上层是菜单栏和工具栏，它们都遵循普通的 Windows 程序风格，具体菜单项和工具按钮在此不做介绍。左上方是"业务对象""类"和"导览器"透视图，左下方是"扩展""大纲"和"Console"［控制台（输出）］透视图，右侧的一大块区域是编辑工作区。

　　每个透视图都可以通过单击透视图标题处的关闭按钮（×）将其关闭。如果用户因误操作关闭了某个透视图（如关闭了业务对象透视图），可以通过"窗口"→"显示视图"命令（图4-25），把关闭的透视图重新打开。

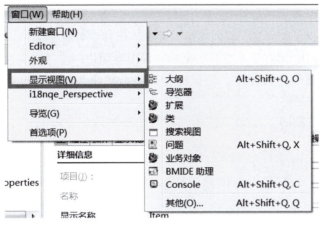

图 4-25　重新打开透视图

　　BMIDE 的各种透视图都可以按住鼠标左键拖动。如果因不熟悉操作，导致界面中透视图布局混乱，需要还原为系统默认的布局，则可以选择"窗口"→"i18nqe_Perspective"→"重置透视图"命令（图4-26）还原为系统默认的布局。

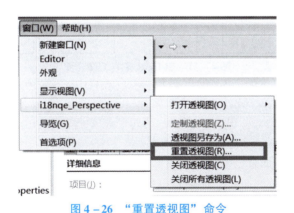

图 4-26　"重置透视图"命令

## 4.3　项目实施

项目描述与
实施步骤

### 4.3.1　定制业务对象的工作流程与基本操作方法

　　使用 BMIDE 扩展数据模型，一般要遵循图4-27所示的工作流程。

　　（1）打开一个已有项目，或者新建一个项目。

　　（2）指定要保存扩展的文件（活动的扩展文件）。

　　选择"BMIDE"→"组织扩展"→"设置活动的扩展文件"命令，将现有扩展文件设置为活动的扩展文件。

　　也可以通过"BMIDE"→"组织扩展"→"添加新的扩展文件"命令，新建一个扩展文件并将其设置为活动的扩展文件。

　　（3）执行扩展工作。

　　例如，创建新的业务对象、值的选项列表等。每种业务对象的扩展方法不同，但针对每种业务对象，BMIDE 都有交互友好的创建向导引导用户一步一步完成该项工作。

　　①在"业务对象"透视图中，用鼠标右键单击父业务对象并选择"新建业务对象"命令。新业务对象向导将运行。

　　②单击属性表右侧的"添加"按钮，将属性添加到业务对象。"新建属性向导"将运行。

　　（4）保存数据模型。

　　选择"BMIDE"→"保存数据模型"命令，或单击工具栏上的"保存数据模型"按钮。

　　（5）将更改部署到测试服务器。

　　选择"BMIDE"→"部署模板"命令，或单击工具栏上的"部署模板"按钮。

　　（6）部署后，在 Teamcenter 胖客户端中，通过创建新业务对象的实例来测试它。

　　扩展经过测试验证后，可以将数据模型打包到一个模板中，该模板可以安装在正式的生产服务器上。

图 4-27　BMIDE 基本工作流程

### 4.3.2　定制阀门零组件

*1. 新建业务对象"Valve Item"并添加属性*

（1）打开 BMIDE，加载已创建的项目"c9samplebmideproject"。

（2）将"sampleitem_business_object.xml"设置为活动的扩展文件。

（3）新建业务对象"C9_ValveItem"。

①切换到"业务对象"透视图。

②单击鼠标右键，选择"查找业务对象"命令，找到。

③选择"Item"，单击鼠标右键，选择"新建业务对象"命令。

④指定零组件业务对象参数。

名称：C9_ValveItem；

显示名称：Valve Item；

父级：Item；

描述：Valve Item。

⑤单击"添加"按钮，为零组件添加表 4-4 所示的两个属性（图 4-28）。

新建业务对象
"Valve Item"
并添加属性

表 4 – 4　零组件属性

| 序号 | 名称 | 显示名称 | 类型 | 备注 |
| --- | --- | --- | --- | --- |
| 1 | c9_Applicablemedium | Applicable medium | String［32］ | 零组件对象属性 |
| 2 | c9_Connectionform | c9_Connectionform | String［32］ | 零组件对象属性 |

图 4 – 28　在零组件业务对象上添加属性

⑥单击"下一步"按钮。

（4）定义零组件版本对象"C9_ValveRevision"。

①指定零组件版本业务对象参数。

显示名称：Valve Item Revision；

描述：ItemRevision object for " C9_ValveItem" business object。

②单击"添加"按钮，为零组件版本对象添加表 4 – 5 所示的一个属性（图 4 – 29）。

表 4 – 5　零组件版本属性

| 序号 | 名称 | 显示名称 | 类型 | 备注 |
| --- | --- | --- | --- | --- |
| 1 | c9_Material | Material | String［32］ | 零组件版本对象属性 |

图4-29　在零组件版本业务对象上添加属性

（5）将上述创建的3个属性添加到CreateInput列表。

①查找新创建的"C9_ValveItem"。

②双击打开"C9_ValveItem"。

③在打开的对象编辑区，切换到"操作描述符"选项卡。

④单击"添加"按钮，选择将"c9_Applicablemedium"和"c9_Connectionform"属性添加到CreateInput列表。

⑤打开"C9_ValveItemRevision"，以相同步骤将"c9_Material"添加到CreateInput列表。

（6）将零组件名称设置为中文（图4-30）。

①打开"C9_ValveItem"。

②切换到"主"选项卡，并在下方区域切换到"本地化"选项卡。

③单击"添加"按钮。

④"本地化"对话框设置如下。

语言环境：zh-CN；

值本地化：阀门；

状态：Approved。

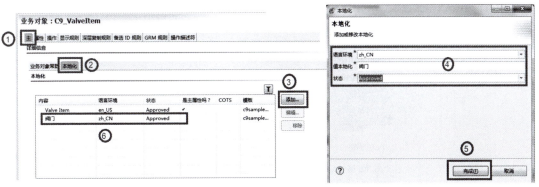

图4-30　阀名零组件名称本地化

（7）将零组件的"c9_Applicablemedium"属性名称设置为中文（图4-31）。

①打开"C9_ValveItem"。

②切换到"属性"选项卡，并在下方区域切换到"本地化"选项卡。

③单击"添加"按钮。

④"本地化"按钮。对话框设置如下。

语言环境：zh-CN；

值本地化：适用介质；

状态：Approved。

图4-31　属性显示本地化

用同样的方法，把"c9_Connectionform"属性本地化设置为"连接形式"。

（8）打开零组件版本ValveItemRevision，将"c9_Material"属性本地化设置为"材质"。

完成上述操作后，建议保存数据模型。

**2. 在零组件主属性表单上添加属性并本地化**

（1）打开零组件主属性表单对象（图4-32）。

在"C9_ValveItem"编辑区，单击"主"选项卡，单击"表单"链接，打开"C9_ValveItemMaster"表单对象编辑区。

在零组件主属性表单上添加属性并本地化

图 4 – 32　打开零组件主属性表单对象

（2）添加 Valve type 属性（表 4 – 6）。

表 4 – 6　Valve type 属性

| 序号 | 名称 | 显示名称 | 类型 | 备注 |
|---|---|---|---|---|
| 1 | c9_Valvetype | Valve type | String［32］ | 零组件对象属性 |

①在"C9_ValveItemMaster"表单对象编辑区，切换到"属性"选项卡。

②单击"添加"按钮。

③在弹出的属性定义对话框中选择"永久"选项，单击"下一步"按钮。

④输入如下属性参数。

名称：c9_Valvetype；

显示名称：Valve type；

描述：Valve type。

（3）将属性本地化设置为"阀门类型"。

### 3. 在零组件版本主属性表单上添加属性并本地化

（1）打开零组件版本主属性表单对象

在"C9_ValveItemRevision"编辑区，单击"主"选项卡，单击"表单"链接，打开"C9_ValveItemRevisionMaster"表单对象编辑区。

（2）在零组件版本主属性表单上添加表 4 – 7 所示属性并本地化。

在零组件版本主属性表单上添加属性并本地化

表 4 – 7　零组件版本主属性表单属性

| 序号 | 名称 | 显示名称 | 类型 | 值本地化 |
|---|---|---|---|---|
| 1 | c9_Nominaldiameter | Nominal diameter | Integer | 公称直径 |
| 2 | c9_Pressurerange | Pressure range | Integer | 压力范围 |
| 3 | c9_Applicabletemperature | Applicable temperature | Integer | 适用温度 |
| 4 | c9_Madein | Made in | String［32］ | 产地 |

完成上述操作后，建议保存数据模型，也可以部署测试。

**4. 创建 LOV 并附加到属性**

为阀门类型创建 LOV，并附加到属性（图 4 − 33）。

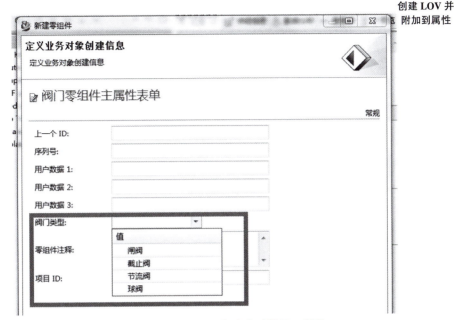

图 4 − 33　阀门类型 LOV 在客户端的显示效果

LOV 定义参数见表 4 − 8。

表 4 − 8　LOV 定义参数

| LOV 名称 | 值 | 显示名称 | 值本地化 |
| --- | --- | --- | --- |
| C9_ValveType_LOV | Gate valve | Gate valve | 闸阀 |
| | Globe valve | Globe valve | 截止阀 |
| | Throttle valve | Throttle valve | 节流阀 |
| | Ball valve | Ball valve | 球阀 |

（1）将"lovs. xml"设置为活动的扩展文件。

（2）新建 LOV

①在"扩展"透视图中，选择"传统 LOV"节点。

②单击鼠标右键，选择"新建传统 LOV"命令。

③在 LOV 定义对话框（图 4 − 34）中设置以下参数。

名称：C9_ValveType_LOV；

描述：List of valve type；

类型：ListOfValueString；

用法：穷举。

图 4 - 34　**LVO** 定义对话框

（3）添加 4 个值选项。

图 4 - 35 所示是球阀项的设置，具体如下。

值：Ball valve；

值显示名称：Ball valve；

描述：空。

图 4 - 35　添加 **LOV** 值选项

（4）将 4 个 LOV 值选项本地化（图 4 - 36）。

①在"扩展"透视图中，选择"传统 LOV"下新建的"C9_ValveType_LOV"节点。

②双击"C9_ValveType_LOV"节点打开 LOV 编辑面板。

③依次选择其中的一个值选项。

④单击"本地化"按钮。

⑤在弹出的"本地化"对话框中单击"添加"按钮。

⑥在"本地化"对话框中设置。如第 4 个球阀的设置如下。

语言环境：zh - CN；

值本地化：球阀；

状态：Approved。

图 4－36　LOV 值选项本地化

完成上述操作后，建议保存数据模型。

（5）将 LOV 附加到零组件主属性表单对象（C9_ValveItemMaster）的"c9_Valvetype"属性（图 4－37）。

①打开零组件主属性表单对象"C9_ValveItemMaster"。

②切换到"属性"选项卡。

③选择"c9_Valvetype"属性。

④切换到下方的"LOV 附件"选项卡。

⑤单击"添加"按钮。

⑥在弹出的"LOV 选择"对话框中，单击"浏览"按钮，选择"C9_ValveType_LOV"。

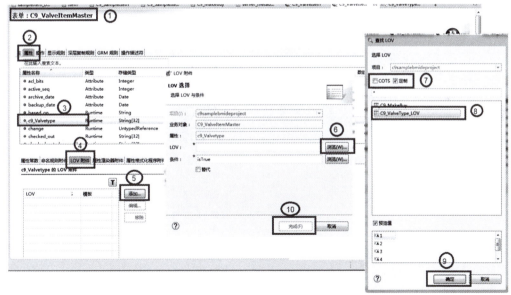

图 4－37　将 LOV 附加到属性

完成上述操作后，建议保存数据模型。

### 5. 创建嵌套 LOV 并附加到属性

本节为产地创建 LOV，这个是一个嵌套的 LOV，如图 4－38 所示。

从底层往上看，最下面是 4 个 LOV，该零件的供应商位于华北、华南、

创建嵌套 LOV
并附加到属性

华中和华东 4 个地区，如华中的湖北、湖南、河南、江西等省。

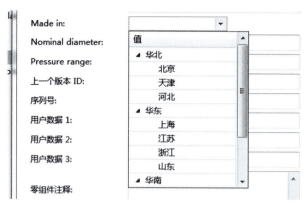

图 4 - 38　层叠 LOV 在客户端的显示效果

1）创建 4 个底层 LOV

首先创建 4 个底层 LOV，参数见表 4 - 9。

表 4 - 9　4 个底层 LOV 的参数

| 序号 | 名称 | 值列表 | | |
|---|---|---|---|---|
| | | 值 | 显示名称 | 值本地化 |
| 1 | C9_Northern_China_LOV | BJ<br>TJ<br>HB | BJ<br>TJ<br>HB | 北京<br>天津<br>河北 |
| 2 | C9_Eastern_China_LOV | SH<br>JS<br>ZJ<br>SD | SH<br>JS<br>ZJ<br>SD | 上海<br>江苏<br>浙江<br>山东 |
| 3 | C9_Southern_China_LOV | GD<br>GX<br>HN | GD<br>GX<br>HN | 广东<br>广西<br>海南 |
| 4 | C9_Central China_LOV | HB<br>HuNan<br>HeNan<br>JX | HuBei<br>HuNan<br>HeNan<br>JX | 湖北<br>湖南<br>河南<br>江西 |

4 个底层 LOV 的创建方法与上面所述相同。

2）创建 1 个顶层 LOV

顶层 LOV 的参数见表 4 - 10。

表 4 – 10　顶层 LOV 的参数

| LOV 名称 | 值 | 显示名称 | 值本地化 |
| --- | --- | --- | --- |
| C9_Madein_LOV | Northern of China | Northern of China | 华北 |
| | Eastern of China | Eastern of China | 华东 |
| | Southern of China | Southern of China | 华南 |
| | Central of China | Central of China | 华中 |

（1）将 "lovs. xml" 设置为活动的扩展文件。

（2）新建 LOV（图 4 – 39）。

①在 "扩展" 透视图中，选择 "传统 LOV" 节点。

②单击鼠标右键，选择 "新建传统 LOV" 命令。

③在 LOV 定义对话框中输入以下参数。

名称：C9_Madein_LOV；

描述：Madein_LOV；

类型：ListOfValueString。

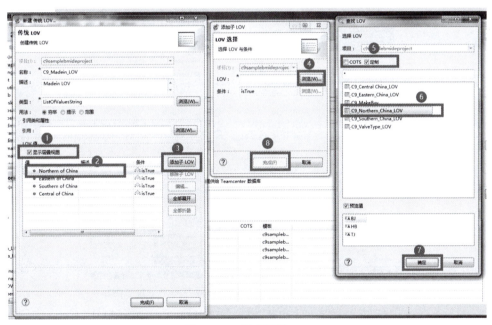

图 4 – 39　创建层叠 LOV

（3）按表 4 – 10 添加 4 个值选项。

（4）勾选 "显示层叠视图" 复选框。

（5）为每一个值选项添加子 LOV。

①选择第 1 行，即华北（Northern of China）。

②单击 "添加子 LOV" 按钮。

③在弹出的 "添加子 LOV" 对话框中单击 "浏览" 按钮。

④选择"C9_Northern_China_LOV",单击"确定"按钮。

⑤在"LOV 选择"对话框中单击"完成"按钮。

完成上述步骤就为第 1 个 LOV 添加了一个子 LOV,操作步骤如图 4 - 39 所示。

(6)根据步骤(5),为其余 3 个 LOV 添加子 LOV。含子 LOV 的值选项前面有一个三角形图标(图 4 - 40)。

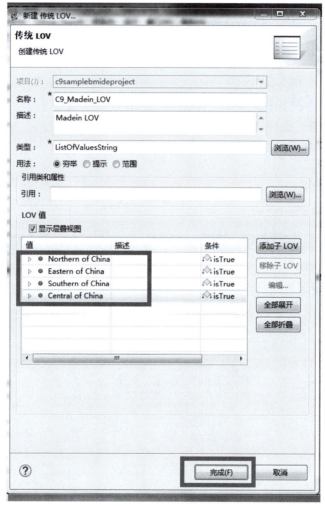

**图 4 - 40　层叠 LOV 的每个值选项前面有一个三角形图标**

(7)将"C9_Madein_LOV"的 4 个值选项本地化。

(8)将"C9_Madein_LOV"附加到零组件版本主属性表单上的"C9_Madein"属性。

①打开零组件版本主属性表单。

②在"C9_ValveItemRevision"编辑区,单击"主"选项卡,单击"表单"链接,打开"C9_ValveItemRevisionMaster"表单对象编辑区。

③切换到"属性"选项卡,选择"C9_Madein"属性。

④在下方单击"LOV 附件"选项卡,然后单击"添加"按钮,选择"C9_Madein_LOV"。

#### 6. 定制度量单位

度量单位是一个计量单位（例如英寸、毫米等）。如果需要为用户添加一种新的测量，则创建一种度量单位（UOM）。在默认情况下，零组件业务对象没有度量单位。这意味着零组件数量将按个或者件的方式表示。换句话说，它们表示分离的零组件数目。可能需要其他度量单位才能定义准确的物料清单（BOM）。在结构管理器中，如果没有特定数量值与零组件关联，则默认数量为一个（一个零组件）。同样，在结构管理器中，如果度量单位不为空，则不能在 NX 中打开零组件。

创建以下计量单位：kg，g，m，mm，l，ml。

（1）创建一个新的活动的扩展文件"options. xml"。

（2）切换到"扩展"透视图。

（3）展开"选项"→"度量单位"文件夹。

（4）用鼠标右键单击"度量单位"文件夹，选择"新建度量单位"命令。

（5）在"新建度量单位"对话框中输入定义参数，如图 4 – 41 所示。

①在"名称"框中输入要指派到新度量单位的名称。系统会自动将模板中的前缀附加到名称。

②在"符号"框中输入单位（例如，kg 表示千克，m 表示米等）。

③在"描述"框中输入新度量单位的描述。

④单击"完成"按钮。

该新度量单位出现在"扩展"透视图的"度量单位"文件夹下（图 4 – 42）。

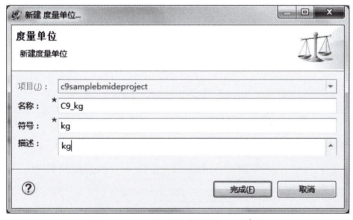

图 4 – 41  "新建度量单位"对话框

图 4 – 42  新度量单位

#### 7. 新建数据集对象

这里新建项目要求的数据集，该数据集支持后缀名为". dwg"的二维图纸文件。新建数据集时需要指定能查看和编辑数据集的工具（软件），因此在新建数据集之前需要新建工具。

1）新建工具

（1）在"扩展"透视图中展开"选项"→"工具"文件夹。

（2）用鼠标右键单击"工具"文件夹，选择"新建工具"命令。

（3）在"新建工具"对话框（图4-43）中输入表4-11所示的参数，然后单击"下一步"按钮。

图4-43　"新建工具"对话框

表4-11　新建工具的输入参数

| 字段 | 值 |
| --- | --- |
| 名称 | C9_AutoCAD_TOOL |
| MIME/类型 | application/x – autocad |
| Shell/符号 | acad. exe |
| 供应商名称 | AutoCAD |
| 版本 | 2004 |
| 发放日期 | — |
| 描述 | Autodest AutoCAD |

（4）在"新建工具"对话框的"输入""输出"框中添加默认值（图4-44）。

图4-44　定义工具的输入/输出

①分别单击"输入""输出"框的"添加"按钮,"默认值"都输入为"BINARY",即二进制。

②单击"完成"按钮。

2) 新建数据集对象

(1) 在"业务对象"透视图中单击鼠标右键,选择"查找业务对象"命令。

(2) 输入"Dataset",双击列表中的"Dataset",将在"对象列表"中自动选中"Dataset"。

(3) 用鼠标右键单击"Dataset",选择"新建业务对象"命令。

(4) 在"新建数据集"对话框输入以下参数(图4-45)。

名称:C9_Dwg;

显示名称:AutoCAD dwg file;

描述:AutoCAD dwg file。

(5) 指定编辑工具(图4-45)。

①单击"添加"按钮。

②在弹出的"查找 Tool 对象"对话框中不要勾选"COTS"复选框。

③选择已自定义工具"C9_AutoCAD_TOOL"。

④单击"确定"按钮。

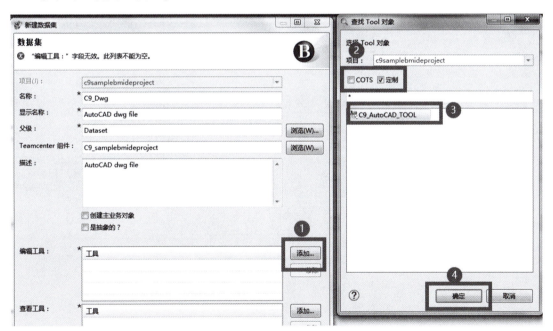

**图4-45 指定数据集的查看和编辑工具**

(6) 用同样的方法添加查看工具,然后单击"下一步"按钮。

(7) 切换至"为数据集创建引用"界面(图4-46)。

①单击"添加"按钮。

②在"数据集引用"界面做以下设置。

引用:C9_DWG_Reference;

图 4 – 46　　添加数据集引用

文件类型：＊.dwg；

格式：BINARY。

③单击"下一步"按钮。

（8）新建数据集工具操作（图 4 – 47）。

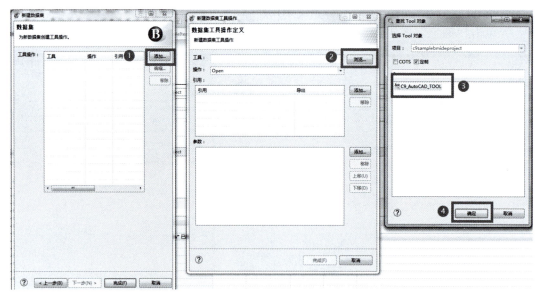

图 4 – 47　　新建数据集工具操作

切换至"为新数据集创建工具操作"界面。

①单击"工具操作"框右侧的"添加"按钮。

②在新出现的界面中单击"浏览"按钮。

③选择"C9_AutoCAD_TOOL"对象。

④单击"确定"按钮。

（9）指定引用（图 4 – 48）。

①单击"引用"框右侧的"添加"按钮。

②在"添加引用"对话框中接受系统默认的"C9_DWG_Reference"引用名，并勾选
"导出"复选框。

图 4 - 48　指定引用

③单击"完成"按钮。

（10）指定参数（图 4 - 49）。

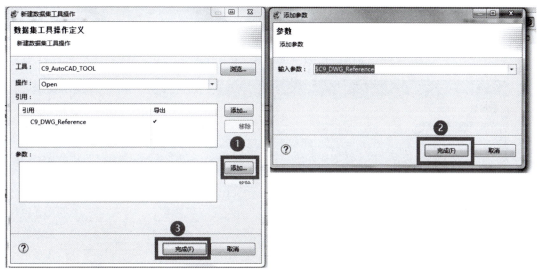

图 4 - 49　指定参数

①单击"参数"框右侧的"添加"按钮。

②在"添加参数"对话框中接受系统默认值"＄C9_DWG_Reference"，单击"完成"按钮。

③添加成功后单击"完成"按钮，如图 4 - 50 所示。

（11）完成数据集创建（图 4 - 51）。

单击图 4 - 51 中的"完成"按钮。

3）将数据集名称本地化

打开新建的数据集对象，在编辑面板切换到"本地化"选项卡，添加一个中文名称"AutoCAD | 图纸文件"，如图 4 - 52 所示。

完成上述操作后，建议保存数据模型，也可以部署模型并进行测试（图 4 - 53）。

图 4 – 50　完成数据集工具操作定义

图 4 – 51　完成数据集创建

图 4 – 52　数据集名称本地化

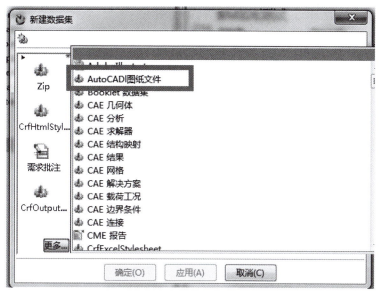

图 4 – 53 在客户端测试新的数据集

由于 DWG 数据文件需要安装 AutoCAD 软件，所以用户在客户端测试时，客户端计算机如果没有安装 AutoCAD 软件，会出现双击无法打开 DWG 数据集的情况。

### 8. 创建 GRM 规则

"ValveRevision" 零组件版本与二维图纸（DWG 格式文件）的关系为 "2D_Relation"，且每个零组件版本下只能存在 1 张二维图纸，当用户试图存放多于 1 张的二维图时，将弹出错误提示。

创建 GRM 规则

本例定义一个名称为 "2D_Relation" 的关系，并使用文件夹的方式显示这个关系。定义方式如下。

1）定义一种新的关系

（1）在 "业务对象" 透视图中，单击鼠标右键，选择 "查找业务对象" 命令。

（2）输入 "ImanRelation"，双击列表中的 "ImanRelation"，将在 "对象列表" 中自动选中 "ImanRelationt"。

（3）用鼠标右键单击 "ImanRelation"，选择 "新建业务对象" 命令。

（4）在 "新建业务对象" 对话框中输入图 4 – 54 所示参数。

名称：C9_2D_Relation；

显示名称：2D Relation；

描述：2D Relation。

（5）将 "2D_Relattion" 显示名称本地化为 "二维工程图"（图 4 – 55）。

2）将 "C9_2D_Relation" 关系作为 "关系属性" 添加到 "C9_ValveItemRevision" 业务对象（图 4 – 56）

（1）在 "业务对象" 透视图中找到 "C9_ValveItemRevision" 业务对象。

（2）双击打开 "C9_ValveItemRevision" 进行编辑。

（3）单击 "属性" 选项卡，单击添加 "属性" 属性。

（4）在 "属性定义" 界面中单击 "关系" 单选按钮。

图 4 – 54　新建关系对象

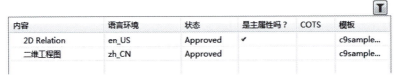

图 4 – 55　关系对象本地化

图 4 – 56　在对象上新建关系属性并附加关系对象

（5）在"关系属性"界面中单击"浏览"按钮。

（6）在"选择关系业务对象"界面中，不要勾选"COTS"复选框，在对象列表中选择"C9_2D_Relation"关系，单击"确定"按钮。

（7）单击"完成"按钮。

3）创建 GRM（Generic Relationship Management，通用关系管理）规则

GRM 规则对两个 Teamcenter 对象之间的关系应用约束，可以限制哪些对象可以粘贴到其他对象。

创建 GRM 规则时，将选择关系的主业务对象和辅助业务对象、它们之间的关系以及要应用的约束。

在本项目中，要在 ValveItemRevision 和 DWG 数据集之间建立这种约束，即一个阀门零组件版本下只能有一个 DWG 数据集。

（1）创建一个新的活动的扩展文件"rules. xml"。

（2）在"业务对象"透视图中选择任意对象。

（3）用鼠标右键单击所选择的任意对象，然后选择"打开 GRM 规则编辑器"命令。

GRM 规则编辑器（图 4 - 57）分为上、下两个区域，其中上面的区域用于查找，单击"浏览"按钮可指定主、次对象，可以显示系统中两个对象之间已经定义的 GRM 规则。

下面的区域用于规则编辑，可以单击"添加"按钮新建 GRM 规则，也可以在规则列表中选择一条规则，然后单击"编辑"或"移除"按钮。

**图 4 - 57  GRM 规则编辑器**

（4）增加一条 GRM 规则（图 4 - 58）。

①单击"添加"按钮。

②在弹出的"修改 GRM 规则"对话框中单击"浏览"按钮，分别选择主对象、次对象和条件，进行如下设置。

主对象：C9_ValveItemRevision；

次对象：C9_Dwg；

关系对象：C9_2D_Relation；

条件：isTrue；

图 4–58　创建 GRM 规则

主基数：0…1；

次基数：0…1；

可变性：Changeable；

可附加性：Unrestricted；

可拆离性：Unrestricted。

③单击"完成"按钮。

这样，阀门零组件版本对象只能存在一个"2D_Relation"关系的 DWG 数据集。

### 9. 仅允许一个工作版本

对于所有"ValveItemRevision"，只能存在一个工作中的版本。要修订一个新版本，只能把工作状态的版本发布，即只有一个版本处于工作状态。

仅允许一个
工作版本

（1）在"业务对象"透视图中，找到"ValveItemRevision"业务对象，双击打开进行编辑。

（2）在"业务对象常数"选项卡中选择"MaxAllowedWorkRevsForItemCopyRev"。

（3）单击"编辑"按钮，弹出"业务对象常数"对话框。

（4）将"值"由"–1"改为"1"。

（5）单击"完成"按钮。

具体如图 4–59 所示。

### 10. 定制命名规则

Item ID（零组件编号）是系统识别零组件的唯一标识。编码的方式原则上可分为两类：有意义编号和无意义流水号。有意义编号易被使用人员识别，但需要专人对编码进行

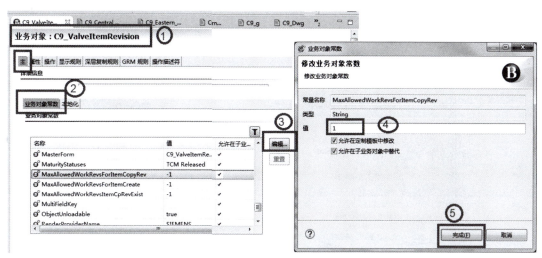

图 4 - 59　设置业务对象常数

控制，会成为零组件创建时的瓶颈。无意义流水号的创建由系统控制，无须人的干预，但必须与名称、属性或相关数据结合才能识别。

1）为"ValveItemID"创建命名规则

（1）在"扩展"透视图中，展开"规则"文件夹。

（2）单击鼠标右键，选择"命名规则"→"新建命名规则"命令。

（3）弹出"新建命名规则"对话框（图 4 - 60），做如下设置。

定制命名规则

图 4 - 60　添加命名规则

①输入"名称"为"C9_ValveItemID_NamingRule"。

②单击"添加"按钮。

（4）弹出"Add Naming Rule Pattern"对话框（图 4 - 61），指定如下参数。

模式："Valve_" NNNNNNNN；

描述：Valve_NNNNNNNN；

勾选"生成计数器"复选框；

初始值：Valve_00000001；

最大值：Valve_99999999；

步长：1；

偏置：0。

图 4 - 61    指定命名规则参数

（5）单击"完成"按钮，弹出"创建模式"对话框，进行如下操作（图 4 - 62）。

①将命名规则附加到"C9_ValveItem"业务对象。

②在"业务对象"透视图中找到"C9_ValveItem"业务对象。

③双击打开"C9_ValveItem"进行编辑。

④单击"属性"选项卡。

⑤找到"item_id"属性。

图 4 - 62    将命名规则附加到"ValveItem"对象

⑥单击下方的"命名规则附件"选项卡。

⑦单击"添加"按钮。

⑧弹出"附加命名规则"对话框（图4-63）。

⑨在"附加命名规则"对话框中单击"浏览"按钮。

⑩指定"命名规则"为"C9_ValveItemID_NamingRule"。

⑪单击"完成"按钮。

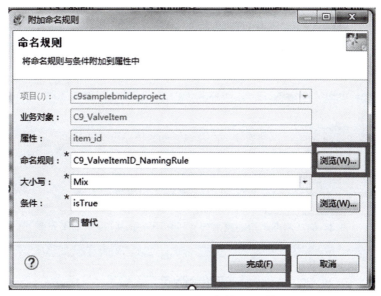

图 4-63　GRM 规则附加到属性

2）为"ValveItemRevisionID"创建命名规则

操作方法与前面相同，主要如下。

（1）创建命名规则。

名称：C9_ValveRevisionID_NamingRule；

模式：NN；

勾选"生成计数器"复选框；

初始值：01；

最大值：99。

（2）将命名规则附加到"C9_ValveItemRevisionID"业务对象（图4-64）。

11. 定制深层复制规则

定制深层复制规则

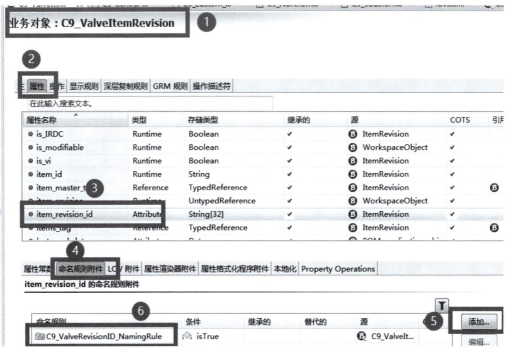

图 4 - 64　将命名规则附加到"ValveItemRevision"业务对象

### 12. 定制显示规则

定制显示规则

### 13. 定制发放状态

定制发放状态

### 14. 定制业务对象的图标

定制业务对象的图标

## 4.4    任务评价

项目 4 任务评价见表 4 – 12。

表 4 – 12    项目 4 任务评价

| 评价项目 | 分值 | 得分 | |
|---|---|---|---|
| | | 自评分 | 师评分 |
| 了解 BMIDE 的基本功能 | 5 | | |
| 掌握 BMIDE 模块的安装方法 | 5 | | |
| 熟悉 BMIDE 界面 | 5 | | |
| 启动 BMIDE，创建 BMIDE 项目 | 5 | | |
| 下列任务，每完成一项计 5 分，本项合计分值最高为 70 分。<br>新建业务对象"ValveItem"并添加属性<br>在零组件主属性表单上添加属性并本地化<br>在零组件版本主属性表单上添加属性并本地化<br>创建 LOV 并附加到属性<br>创建嵌套 LOV 并附加到属性<br>定制度量单位<br>新建数据集对象<br>创建 GRM 规则<br>仅允许一个工作版本<br>定制命名规则<br>定制深层复制规则<br>定制显示规则<br>定制发放状态<br>定制业务对象的图标 | 70 | | |
| 学习认真，按时出勤 | 5 | | |
| 具有自主探究能力 | 5 | | |
| 总计得分 | | | |

## 项目 5 定制数据访问规则

【知识目标】

- 了解权限的概念。
- 理解访问者、数据对象和数据操作。
- 理解 Teamcenter 访问管理机制。
- 熟悉 Teamcenter 访问管理器工作界面。

【技能目标】

- 理解 Teamcenter 基于规则的数据保护机制。
- 评估规则树。
- 在规则树中创建新规则。
- 创建新的访问控制列表（ACL）。
- 导入和导出访问管理器规则树。
- 验证访问规则的效果。
- 控制对工作和过程中数据的访问。
- 配置组安全以控制特定用户组的访问。
- 配置项目级安全性，以控制特定项目中的数据访问。

【职业素养】

- 具有认真、细致的工作态度。
- 培养自主探究的工作精神。

## 5.1 项目描述

### 5.1.1 项目内容

在本项目中，在 Teamcenter 中完成如下数据访问规则的定制。

（1）数据对象为 UGMASTER 数据集。

（2）该数据集在工作中、流程审批中、已发放 3 种生命周期阶段分别采用不同的数据共享策略，见表 5 – 1。

（3）因临时工作需要，要求在不修改规则树的情况下，能够将特定数据对象向特殊用户开放操作权限，需要提供相应的解决办法。

**表 5 – 1　UGMASTER 数据集数据共享策略**

| 数据生命周期阶段 | 数据访问要求 | 权限验证用户 |
|---|---|---|
| 工作中（Working） | 所有者可读、可写、可删 | 主轴箱组的结构设计师刘一（u001）创建数据 |
| | 所有者所在组可读 | 主轴箱组的工艺设计师王五（u005） |
| | 主任设计师角色、主管设计师角色可读、可写、不能删 | 主管设计师陈二（u002）可读、可写、不能删 |
| | 结构设计师角色可读 | 进给箱组的结构设计师赵六（u006） |
| | 其他人不可读 | 溜板箱组的仿真分析师郑十（u010） |
| 流程审批中（In – process） | 数据所有者可读、可写 | 主轴箱组的结构设计师刘一（u001）创建数据 |
| | 审批者（Approver）可读 | 暂不定，流程中讨论 |
| | 属于主任设计师角色、主管设计师角色的审批者可读、可写 | 暂不定，流程中讨论 |
| | 其他人不可读 | 暂不定，流程中讨论 |
| 已发放（Released） | 所有者所在组可读 | 主轴箱组的强度设计师、仿真分析师李四（u004） |
| | 工艺设计师角色可读 | 进给箱组的工艺设计师周八（u008） |
| | 其他人不可读 | 溜板箱组的强度设计师、结构设计师吴九（u009） |

表 5 – 1 中，权限验证用户是指在访问管理器中完成规则配置后，根据需求而确定用于验证某条规则是否已成功生效的用户。满足条件的测试用户一般有多个，在表中一般只选定符合条件的一个即可。如工作中数据对于其他人不可读，此处的"其他人"指代不属于前面 4 类访问者（所有者，所有者所在组，主任设计师角色，主管设计师角色，结构设计师角色）的其他用户，例如：进给箱组的仿真分析师和工艺设计师、溜板箱组的仿真分

析师和工艺设计师等都满足条件，这里只选择了溜板箱组的仿真分析师郑十（u010）来验证测试。

### 5.1.2　项目实施步骤

Teamcenter 系统配置数据访问规则要从企业业务流程、组织架构、数据共享业务需求调研入手，经过综合分析后形成数据保护方案，根据数据保护方案最终在访问管理器中实现。

配置数据访问规则工作流程如图 5 – 1 所示。

调研分析 → 制定方案 → 备份规则树 → 将规则添加至规则树 → 创建并保存ACL → 将ACL附加到规则 → 测试验证

**图 5 – 1　配置数据访问规则工作流程**

权限控制与组织结构密切相关。本项目基于项目 3 所建立的组织结构开展。为了方便读者学习，随书资源提供了组织结构包，用户可以根据随书资源中"1 导入组织结构的命令 . txt"的内容，使用命令将"2 项目所需组织结构（导入组织结构所需）. zip"文件导入 Teamcenter 系统。

## 5.2　知识准备

### 5.2.1　权限概念

在 PDM 系统中，权限是指职能权利范围，即行为限制，它是为了保证职责优先履行，任职者必须具备的，对某些数据进行操作的范围和程度。结合 Teamcenter 的权限管理机制，编者认为 PDM 系统的权限由三部分组成——访问者、数据对象和操作，如图 5 – 2 所示。

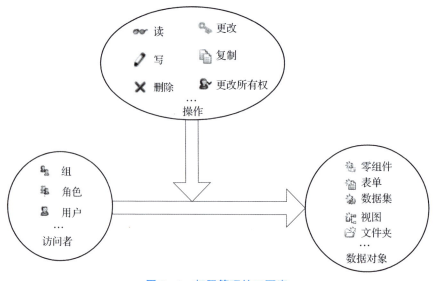

**图 5 – 2　权限管理的三要素**

把这三个要素综合起来考虑，编者认为权限是在访问者、数据对象和操作之间建立联系的规则，经过规则的评估为访问者授予对数据对象进行操作的权利。其完整定义如下。

权限是针对某个或某类访问者（某用户、某角色、某组等），对处于某个特定的环境或阶段（工作中、流程审批中、已发放等）的某类数据对象类型（零组件还是数据集或者表单上的属性值等）所定义的规则条件（满足还是不满足），用于决定是否（可以还是不可以）具备执行某个动作的（写、删除等）的权利。

从这个定义出发，下面对权限涉及的三要素（访问者、数据对象、操作）及联系三者的权限规则进行讨论。

## 5.2.2 访问者

### 1. Teamcenter 中的访问者类型

表 5-2 所示为 Teamcenter 中常见的访问者。

表 5-2　Teamcenter 中常见的访问者

| 分类（Type） | 访问者（Accessor） | 描述（Description） |
|---|---|---|
| 一般访问者 | Owning User | 所有权用户，即对象所有者，一般是数据对象的创建者。所有权可以转让，且有一些特殊的权限（例如删除）通常授予对象所有者，不授予其他用户 |
| | Owning Group | 所有权组，即拥有对象的组。它通常是创建对象的用户的组。可以将其他权限（例如写入）授予所有权组，因为用户通常与所在组的其他成员共享数据 |
| | Group | 某个组，需要进一步指定组名 |
| | Role | 某个角色，需要进一步指定角色名 |
| | Role in Group | 指定组中的某角色 |
| | Role in Owning Group | 对象所有者所在组的某个角色 |
| | System Administrator | 系统管理员 |
| | Group Administrator | 组管理员 |
| | World | 任何用户，而不论组或角色如何，可理解为所有人 |
| | User | 特定用户，需要进一步指定用户名 |
| 工作流程 | Approver（RIG） | 作为工作流程中签发小组的成员，并且具有特定组中特定角色的用户。此访问者仅在工作流程 ACL 中使用 |
| | Approver（Role） | 作为工作流程中签发小组的成员，并且具有特定角色的用户。仅在工作流程 ACL 中使用此访问者 |
| | Approver（Group） | 作为工作流程中签发小组的成员，并且属于特定组的用户。仅在工作流程 ACL 中使用此访问者 |
| | Approver | 作为工作流程中签发小组的成员的用户，而不论其角色和组如何。仅在工作流程 ACL 中使用此访问者 |

### 2. Teamcenter 中的访问者优先级

Teamcenter 通过用户、组、角色来建模企业的人员组织结构，而组、角色之间又有嵌套关系，因此会出现某一个用户有复杂的隶属关系。因此，在评估权限时，需要了解访问者优先级。一般来说，越明确、范围越小、越具体的类型其优先级越高。如 World 类型一般是优先级最低的访问者。常见的访问者优先级如图 5-3 所示。

图 5-3　常见的访问者优先级

（1）Most Precedence：最高优先级，对较高优先级设置的权限不适合较低的优先级。

（2）Least Precedence：最低优先级，对较低优先级设置的权限可能适合较高的优先级。

下面试举一例供读者分析，假设张三的角色是主管工程师，某数据对象访问权限见表 5-3，则张三对该对象是否有可读权限？理由是什么？

表 5-3　某数据对象访问权限

| 访问者类型 | 访问者 ID | 读 |
|---|---|---|
| 用户 | 张三 | × |
| 角色 | 主管工程师 | √ |

## 5.2.3　数据对象

从数据对象的角度思考权限控制，首先会想到不同类型的数据对象（零组件、文件夹、数据集、UGMASTER、UGPART 等）应该采有不同的权限级别。例如对于企业最重要的知识资产——二维工程图纸，应该采用最严格的保护措施。基于不同类型的数据对象进行权限控制这一点是容易理解的。

另外，从企业业务流程来思考，其实数据对象本身也是有生命周期的。在其产生、修改、审批、发放的不同阶段，其权限控制也应当不同。例如在数据的创建阶段，权限应该较为宽松，至少可以由其所有者随意修改。而在其审批通过发布后，权限管控应当尽量严格，要控制更改。即使数据对象的所有者也不能随意修改。因此，在讨论数据对象这个要素时，要结合数据对象的生命周期，再根据不同的类型，综合进行权限控制。

在进行权限控制时，数据对象根据其当前的状态（正在设计、正在审批、已归档等）、数据类型（图纸、总装图、设计参数表、使用手册）两个属性由系统管理员统一确定它们的发布范围，即控制该数据的存取控制范围。企业应根据自身需要，规划数据安全保密控制制度。

一般地，企业中的所有数据通常会经过 3 个基本阶段——已发放、流程审批中（也称为处理中）和工作中，如图 5 - 4 所示。

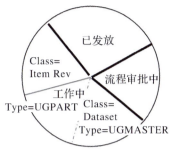

**图 5 - 4　数据所处阶段**

数据对象生命周期见表 5 - 4。

**表 5 - 4　数据对象生命周期**

| 数据状态 | 说明 |
| --- | --- |
| 已发放 | 已归档的（或称已发放的）数据对象是正式数据，是用于生产或下游工作的数据，必须受到保护以免被修改。已发放数据通常由创建组以外的用户使用；流程审批中和工作中的数据由创建者使用，通常需要设置更严格的读取访问权限 |
| 流程审批中 | 处于流程审批中的数据对象是半正式数据，并且由于其处于将要发放的状态，所以假定它是准确的，并且是最终形式。但是，仍然必须允许对其进行最终修改。保护流程审批中的数据的主要目标是确保在数据发放过程中对数据进行严格控制 |
| 工作中 | 当前正在进行的工作过程中产生的数据对象并不十分可靠，因此预计会在发放前进行许多更改。保护工作中的数据的目标是确保只有适当的人员才有权查看、修改或操控数据。一般对象创建后就使用这个规则评估数据访问权限 |

对于每个状态的数据仍可以继续分类，如图 5 - 5 所示。

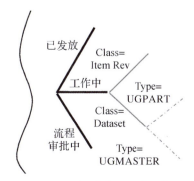

**图 5 - 5　不同阶段中的不同类型数据对象**

### 5.2.4　数据操作

谈到数据操作，读者可能会想到在操作系统中对文件的读、写、删、剪切、复制、粘贴等操作。在 Teamcenter 中，除了这些最基本的对数据对象的物理操作方法外，数据操作要更多地与企业的业务结合起来考虑。Teamcenter 中常见的数据操作见表 5 – 5。

表 5 – 5　Teamcenter 中常见的数据操作

| 符号 | 权限 | 描述 |
| --- | --- | --- |
|  | 读 | 控制查看和打开数据对象的权限 |
|  | 写 | 控制把数据对象从数据库中检出并做修改的权限 |
|  | 删除 | 控制删除数据对象的权限 |
|  | 更改权限 | 控制修改数据对象访问权限的权限，用户拥有此权限时，可修改数据对象的访问权限，修改的权限将覆盖基于规则的访问权限。<br>应用基于对象的访问权限控制时，必须拥有该权限 |
|  | 提升 | 控制在工作流程中前移任务的权限 |
|  | 回退 | 控制在工作流程中后退任务的权限 |
|  | 复制 | 控制另存、修订数据对象的权限 |
|  | 更改所有权 | 控制对数据对象授予、更改或限制所有权的权限 |
|  | 发布 | 控制对用户或组的远程发布 |
|  | 订阅 | 控制针对某一具体数据对象订阅事件的权限 |
|  | 导出 | 控制从数据库中导出数据的权限 |
|  | 导入 | 控制往数据库中导入数据对象的权限 |
|  | 传入 | 当数据对象从数据库中导出时，控制数据对象所有权同时传递出的权限 |
|  | 传出 | 当数据对象导入本地数据库时，控制数据对象所有权同时指派的权限 |
|  | 对 ICO 进行写操作 | 控制写入分类对象的权限 |
|  | 指派给项目 | 控制指派数据对象给项目的权限。它针对未被指定为特权项目小组成员的用户使用 |
|  | 从项目中移除 | 控制从项目中移除数据对象的权限。它针对未被指定为特权项目小组成员的用户来使用 |
|  | 远程签出 | 控制远程签出数据对象的权限 |

在介绍访问者时，讨论了访问者优先级，原因在于不同类型的访问者存在交叉包含关系。同样，对数据操作不妨也可以思考它们之间是否有某种关联关系，如"读"与"写"

之间有没有关系？用户对数据有"写"的权限，然而没有"读"的权限，这种看似不合逻辑的设置，在 Teamcenter 权限配置时确实会出现。经编者测试，如果某个用户对数据有"写"的权限，但没有"读"的权限，则结果是用户对该数据可写可读，也就是说，"写"的权限包含了"读"的权限。

关于数据操作的优行级或包含关系，Teamcenter 的官方文档没有给出正式说明，更多地需要读者进行测试。另外需要注意的是，除进行测试之外，尽量不要设置这种可写不可读的权限。

### 5.2.5　Teamcenter 访问管理机制

#### 1. 两种权限控制方式

Teamcenter 中有两种权限控制方式，一种称为基于规则的权限控制（rule – based protection），另一种称为基于对象的权限控制（object – based protection）。

基于规则的权限控制是指通过一组规则，将具有共性的 Teamcenter 对象（例如零组件、数据集、文件夹等）授权给具有共性的访问者（例如有相同的职责或在同一个项目组工作）访问。

基于对象的权限控制是指对某个具体的对象设置能够被哪一类（如某一组、某一角色等）或哪一个（某一个用户）访问者访问。基于对象的权限控制需要用户对这个对象有"更改"权限。

基于规则的权限控制是主要的安全机制，基于对象的权限控制是次要的安全机制，是允许规则的例外情况，是一种特例，一般临时使用。例如某个数据本不能被某组用户读/写，但由于特殊的、临时的需要，可以仅对该对象直接更改权限，使数据能够提供给该组用户。这样既满足了临时需求，又需要修改导致大范围影响同类数据的访问规则。

#### 2. 3 个概念

在具体介绍 Teamcenter 权限管理功能模块前，先介绍其中的 3 个概念：ACL、ACE 以及规则和规则树。

1）ACL、ACE

ACL 是 Access Control List 的缩写，意为访问控制列表。ACL 的一般格式见表 5 – 6。

**表 5 – 6　ACL 的一般格式**

| 📋 | ∞ | 🖊 | ✕ | 🔑 | ↘ | ↶ | 🗐 | 🗣 | ● | 🗒 |
|---|---|---|---|---|---|---|---|---|---|---|
| System Administrator | —— | —— | ✔ | ✔ | —— | —— | —— | ✔ | —— | ✔ |
| World | ✔ | ✕ | ✕ | ✕ | ✕ | ✕ | ✔ | ✕ | ✕ | ✕ |

从表 5 – 6 可以看出，ACL 实际上由访问者和操作行为两部分组成。其中某一行称为访问控制条（Access Control Entry，ACE）。表 5 – 6 所示的 ACL 包含两个访问者，分别为 System Administrator（系统管理员）和 World（任何用户）。

在 Teamcenter 系统中有多个 ACL，为了便于管理和应用，可以为每个 ACL 赋一个名称，这种具有指定名称的 ACL 就称为命名的 ACL（Named ACL）。

ACL 的每一行包含一个访问者（具有某些共同特征的用户），以及已授予、拒绝或不确定的对相应权限的设置。ACL 中权限值的设置有如下 3 种选项。

（1）√：赋予权限，即用户拥有执行该操作的权限。

（2）×：拒绝权限，即用户无执行该操作的权限。

（3）空：未设置，不能确定用户是否拥有执行该操作的权限，需要通过规则树中的其他规则来评估用户是否拥有执行该操作的权限。

查看 ACL 时，按照从上到下的顺序查看每个条目。当条目中的访问者类型与要查看的用户一致时，再查看右侧列中的具体权限设置。在查看该条目中某项具体权限的设置时，如果已经明确设置了赋予或拒绝权限，则可以得出该用户是否拥有这项权限；如果未明确设置权限，则不能确定该用户是否拥有这项权限，需要到下面的条目继续查看，直到有明确的赋予或拒绝权限为止。

下面举一例供读者分析。假设有一个设计组，它有两个子组，分别为结构组和分析组。在 Teamcenter 中 ACL 权限设置见表 5 −7。试分析两个子组的用户各拥有什么权限。

表 5 −7　ACL 权限值设置

| 访问者类型 | 访问者 ID | 读 | 写 | 删除 |
| --- | --- | --- | --- | --- |
| 组 | 结构组 . 设计组 | — | √ | × |
| 组 | 设计组 | √ | × | — |
| 组 | 分析组 . 设计组 | × | — | — |

2）规则和规则树

联系本节开篇所提到的权限管理的三要素可以发现，ACL 包含了其中的访问者和操作两个要素。那么，如何将 ACL 和另一个要素即数据对象关联起来呢？方法就是使用规则和规则树。

（1）规则。

Teamcenter 使用规则将 ACL 与数据对象关联起来。在 Teamcenter 系统中，规则是一个条件判断，满足条件值的数据对象可以关联到指定的命名的 ACL。

Teamcenter 系统的规则由条件、值和对应的命名的 ACL 组成。可以将规则的各个部分视为 IF 子句和 THEN 子句。

①条件和值提供规则的 IF 部分，并使用布尔逻辑检查对象。

②ACL 通过描述访问权限来提供规则的 THEN 部分。

规则定义语法示例如图 5 −6 所示。

Has Type　　{UGMASTER}　　– > UG Model<br>
条件　　　　值　　　　　　ACL

图 5 −6　规则定义语法示例

在此示例中，Has Type 是条件，UGMASTER 是值，UG Model 是 ACL 的名称。它使用"Has Type"条件和"UGMASTER"值判断数据集的类型，满足条件的（即如果数据集类型为 UGMASTER）将由使用名为"UG Model"的 ACL 规定其访问者和可执行的操作。

条件有很多种，如图 5 −7 所示。针对每一个条件又有多个可选值，如图 5 −8 所示。

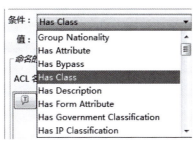

图 5 – 7　条件类型

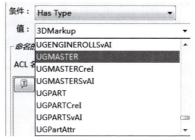

图 5 – 8　值类型

规则使用条件确定数据对象，使用对应的 ACL 设置访问者及其对应操作权限，由此可以看出，规则能够将权限管理的三要素有效关联在一起。

（2）规则树。

在进行权限控制时，对不同阶段、不同类型的数据，应当采用不同的权限控制规则，如图 5 – 9 所示。

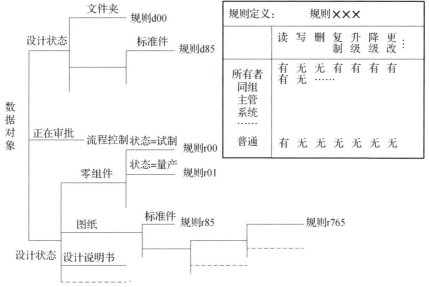

图 5 – 9　对不同阶段、不同类型的数据对象采用不同的权限控制规则

如图 5 – 9 所示，不同生命周期阶段的数据仍可以继续分类，这样不断细分，开枝散叶，最终会形成一个对象分类树。对象分类树的每一个分枝的数据对象都可以采用不同的权限控制规则，形成树形的规则集合，这就构成了 Teamcenter 中的规则树。因此，规则树是许多层次规则的集合。

规则被组织在访问管理器规则树中，并将根据其在树结构中的位置进行评估。当用户尝试访问对象时，规则树充当过滤对象的过滤器。当满足适用于所选对象的条件时，将应用在 ACL 中定义的操作。

（3）规则树的优先级。

当应用于所选对象的条件得到满足时，在 ACL 中定义的权限将被使用。对某一对象有效的 ACL 是在规则树中适用于该对象的所有命名的 ACL 的累积组合。

ACL 的优先级顺序：当判断规则树中的优先级顺序时，遵守下列原则。

①顶端的规则优先于底端的规则，即同一层次上越靠近顶端的规则优先级越高。

②子级优先于父级，即同一层次上越靠近顶端的规则优先级越高。

评价哪个权限最终被授予取决于两个标准。

①规则树中条件声明的优先级。

②命名的 ACL 中的访问者优先级。

最终的结果是一个有效的 ACL 控制着对对象的访问。

图 5 – 10 所示为规则树优先级评价示例，按优先级高低用数字标识优先顺序。

最前面的两行是最先评估的两条规则，因为它们在规则树中的位置最高且没有分支。

只有在评估完第三行的所有子分支后，才会评估第三行，因此它的优先级最低。

```
1      Condition {Value} -> Named ACL
2      Condition {Value} -> Named ACL
15   - Condition {Value} -> Named ACL
9       - Condition {Value} -> Named ACL
3           Condition {Value} -> Named ACL
4           Condition {Value} -> Named ACL
7         - Condition {Value} -> Named ACL
5               Condition {Value} -> Named ACL
6               Condition {Value} -> Named ACL
8           Condition {Value} -> Named ACL
14     - Condition {Value} -> Named ACL
10         Condition {Value} -> Named ACL
13       - Condition {Value} -> Named ACL
11           Condition {Value} -> Named ACL
12           Condition {Value} -> Named ACL
```

**图 5 – 10　规则树优先级评价示例**

请读者根据规则树优先级规律，将图 5 – 11 所示规则树按优先级用数字标识。

```
⊟  ℧ Condition {Value}→Named ACL
    ⊟  ℧ Condition {Value}→Named ACL
            ℧ Condition {Value}→Named ACL
            ℧ Condition {Value}→Named ACL
        ℧ Condition {Value}→Named ACL
    ⊟  ℧ Condition {Value}→Named ACL
            ℧ Condition {Value}→Named ACL
        ⊟  ℧ Condition {Value}→Named ACL
            ℧ Condition {Value}→Named ACL
            ℧ Condition {Value}→Named ACL
```

**图 5 – 11　规则树优先级评价练习**

（4）编译有效 ACL。

当用户尝试访问 UGMASTER 数据集时，会剪裁规则树，以便仅反映应用于对象的规则（图 5 – 12）。

```
Has Class(POM_object)
  Has Class(POM_app_object)  -> Working
    Has Class(Dataset)
      Has Type(UGMASTER)  -> UGMASTER
```

**图 5 – 12　规则树与 ACL 有效性**

基于裁剪后的规则树，可通过以下方式评估规则树（从下至上），以编译有效的 ACL。

①查找位于规则树中最顶端的页节点，在此例中为"Has Type（UGMASTER）→

UGMASTER"。将 UGMASTER ACL 添加到有效 ACL 中。

②查找下一节点"Has Class（Dataset）"。此节点没有关联的 ACL，因此对有效 ACL 没有影响。

③查找下一节点"Has Class（POM_app_object）→Working"。将 Working ACL 添加到有效 ACL 中。

④查找下一节点 Has Class（POM_object）。此节点没有关联的 ACL，因此对有效 ACL 没有影响。

规则树评估会生成表 5 – 8 所示的有效 ACL。

表 5 – 8　有效 ACL

| 访问者 | 用户 | 读 | 写 | 删除 | 更改 | 提升 | 退回 | 复制 | ACL |
|---|---|---|---|---|---|---|---|---|---|
| 所有权组中的角色 | 设计者 | — | ✔ | — | — | — | — | ✔ | UGMASTER |
| 全体 | — | — | ✘ | — | ✘ | — | — | ✘ | UGMASTER |
| 所有权用户 | — | — | ✔ | ✔ | ✔ | — | — | — | 工作中 |
| 组管理员 | — | — | — | ✔ | ✔ | — | — | — | 工作中 |
| 所有权组 | — | — | ✔ | — | — | — | — | — | 工作中 |
| 系统管理员 | — | — | — | ✔ | ✔ | — | — | — | 工作中 |
| 全体 | — | ✔ | ✘ | ✘ | ✘ | ✘ | ✘ | ✔ | 工作中 |

当用户尝试访问 UGMASTER 数据集时，将会评估有效 ACL。不适用于用户的行将被忽略。例如，如果用户是 UGMASTER 数据集所有权组中的设计者，但不是所有权用户、系统管理员或组管理员，则在用户尝试访问 UGMASTER 数据集时将应用 ACL 中的以下条目（表 5 – 9）。

表 5 – 9　对某用户有效的 ACL 表

| 访问者 | 用户 | 读 | 写 | 删除 | 更改 | 提升 | 退回 | 复制 |
|---|---|---|---|---|---|---|---|---|
| 所有权组中的角色 | 设计者 | — | ✔ | — | — | — | — | ✔ |
| 全体 | — | ✔ | — | ✘ | — | ✘ | ✘ | — |

在裁剪 ACL 以便仅包含适用于要尝试访问数据集的用户的规则条目后，会评估剩余 ACL 条目中的权限，即通过向下处理每个权限列，直至遇到授权或拒绝符号。

在此示例中，权限评估的结果会将读取、写入和复制权限授予访问者，但拒绝将删除、更改、提升和退回权限授予访问者。

### 5.2.6　Teamcenter 访问管理器工作界面

Teamcenter 访问管理器（Access Manager，AM）是 Teamcenter 的基础功能模块，其作用是在系统中建立适用于企业的数据访问规则，控制用户对 Teamcenter 中已存在数据对象的访问权限。Teamcenter 访问管理器界面及其说明如图 5 – 13 和表 5 – 10 所示。

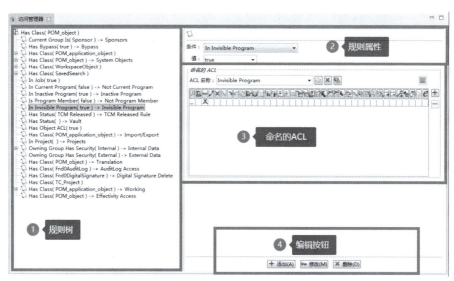

图 5 - 13　**Teamcenter** 访问管理器界面

表 5 - 10　**Teamcenter** 访问管理器界面说明

| 序号 | 功能区 | 说明 |
|---|---|---|
| 1 | 规则树 | 通过展开和折叠分支，用户能够查看访问规则的结构。在规则树中选择一个规则，即可在规则属性窗格中查看此规则的属性和命名的 ACL |
| 2 | 规则属性 | 显示规则树中选定规则的条件和值。可以修改这些属性，然后创建或修改规则，可以删除所选规则 |
| 3 | 命名的 ACL | 显示规则树中选定规则的 ACL 名称和访问者条目。可以创建、修改和删除命名的 ACL |
| 4 | 编辑按钮（"添加""更改""删除"按钮） | 用于在规则树上增加规则、修改现有规则和删除规则。 |

## 5.3　项目实施

### 5.3.1　导入和导出访问管理器规则树

访问管理器规则树能够以文本文件的形式导出到 Teamcenter 以外的目录中，反之，也可以将导出的文件重新导入 Teamcenter 环境。

建议在进行重要修改（例如添加或删除分支、重新放置分支等）之前将规则树导出，这样在执行许多修改之后还能将规则树恢复到修改之前的状态。导出功能也用于将访问管理器规则定义从一个 Teamcenter 站点复制到另一个 Teamcenter 站点。

截至目前，没有对访问控制规则做任何修改，访问控制规则是安装后创建的原始规

导出规则树

则。为了防止操作不当，在修改规则树前先执行一次导出，将系统默认的原始规则保存到导出文件中。操作方法如下。

（1）以系统管理员身份登录 Teamcenter。

（2）启动"访问管理器"应用程序，打开"访问管理器"透视图。

（3）选择"文件"→"导出"命令。

（4）在弹出的"输入文件名以导出数据"对话框（图5-14）中，指定文件保存目录，并输入文件名。这里输入的参数如下。

保存目录：D:\Siemens\Project5；

文件名：am_tree_cots. xml。

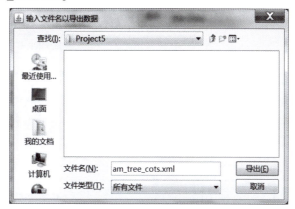

图5-14 "输入文件名以导出数据"对话框

（5）保存文件后，会弹出信息提示框（图5-15）。

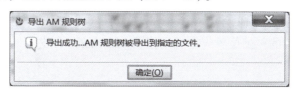

图5-15 导出成功

（6）用户还可以用记事本、写字板等文本文件编辑器打开导出的文件，但切记不要用这些软件编辑导出文件的内容（图5-16）。

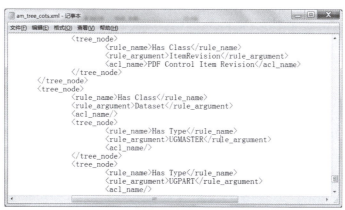

图5-16 导出的权限配置文件内容预览

导出 Teamcenter 默认的权限配置文件见随书资源的"3 原始规则树 . xml"文件。

将规则添加到
规则树

## 5.3.2　将规则添加到规则树

### 1. 将处于工作阶段的 UGMASTER 数据添加到规则树

工作中数据新规则的正确位置应是规则树的工作中数据分支下，即
"Has Class（POM_application_object）→Working"这一分支。

由于操作是针对数据集的，所以更合理的位置是 Working 分支下的 Dataset 子分支：

```
Has Class(POM_application_object) -> Working
    Has Class (Dataset)
        Has Type (UGMASTER) .
```

由于系统安装完成后已经默认添加了这条规则，所以无须再操作，如图 5 – 17 所示。

图 5 – 17　规则树上工作中状态的 UGMASTER 数据集访问规则

### 2. 将处于已发放阶段的 UGMASTER 数据添加到规则树

已发放数据新规则的正确位置应是规则树的 Has Status 分支下。该分支在系统默认配置的位置如图 5 – 18 所示。

图 5 – 18　已发布数据对应的 Has Status 规则

"Has Status"分支下面并无子分支，参照"Working"分支，规划在其下添加如下分支结构：

```
Has Status() -> Vault
    Has Class(Dataset)
        Has Type(UGMASTER)
```

很显然，要添加两条规则，操作方法如下（图5-19、图5-20）。

（1）以系统管理员身份登录Teamcenter。

（2）启动"访问管理器"应用程序，打开"访问管理器"透视图。

（3）如果此前没有备份系统默认规则，操作前建议先进行备份。

（4）在"访问管理器"透视图左侧规则树上选择"Has Status（ ）->Vault"节点。

（5）在"访问管理器"透视图右侧的"条件"下拉列表中选择"Has Class"选项。

（6）在"访问管理器"透视图右侧的"值"下拉列表中选择"DataSet"选项。

（7）将"访问管理器"透视图右侧的"ACL名称"框中的文字删除。

（8）单击"访问管理器"透视图右侧的"添加"按钮。

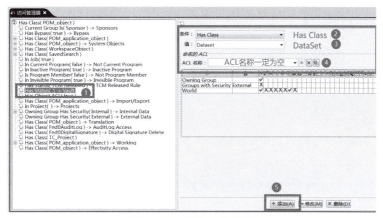

图5-19　添加一条规则

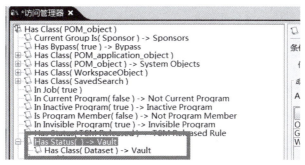

图5-20　规则添加成功

如图5-20所示，虽然没有指定ACL名称，但子规则还是继承了父规则的ACL，在后续修改。

（9）在"访问管理器"透视图左侧规则树上选择"Has Class（DataSet）->Vault"节点。

（10）在右侧将"条件"设置为"Has Type"，将"值"设置为"UGMASTER"，并将ACL名称清空（空白），然后单击"添加"按钮。

（11）操作完成后如图5-21所示，添加了两条规则。

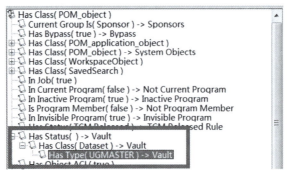

图5-21　已发布数据对应的"Has Type"规则

### 5.3.3　创建并保存 ACL

创建并保存 ACL

**1. 创建名为"UGMaster_Working"的 ACL**

"UG_Master_Working"是用于工作阶段（Working）UGMASTER 数据的 ACL。

具体操作如下（图5-22、图5-23）。

（1）在"访问管理器"透视图右侧的"ACL 名称"框中输入"UGMaster_Working"。

（2）单击"新建命名的 ACL"按钮 。

（3）单击"往 ACL 中添加访问控制条目"按钮，在 ACL 中增加一个空白行。

由于有针对6类访问者的数据访问要求，所以要单击此按钮6次以增加6行。

（4）根据表5-1，依次在表中每一行"访问者类型""访问者 ID"及"权限"列双击，按图5-23设置，然后单击"保存"按钮。

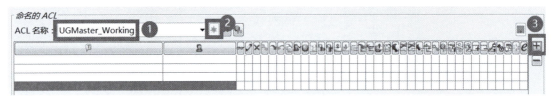

图5-22　新建 ACL（1）

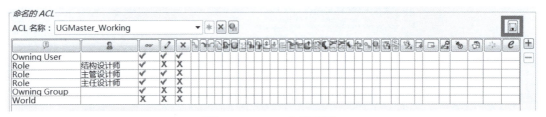

图5-23　ACL 权限设置

**2. 创建名为"UGMaster_Release"的 ACL**

用同样的方法，创建名为"UG_Master_Release"的 ACL，它是用于已发布 UGMASTER 数据的 ACL（图5-24）。

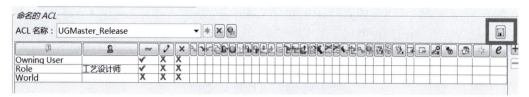

图 5－24　新建 ACL（2）

完成上述操作后，关闭"访问管理器"透视图，在弹出的提示保存对话框中，单击"是"按钮（图 5－25）。

图 5－25　确认保存

任务完成后，导出的规则树见随书资源的"5 UGMaster_Working. xml"文件。

### 5.3.4　将新建的 ACL 附加到规则树上新建的规则

1. 将"UGMaster_Working"附加到"Working"分支新建的规则

（1）选择"Working"分支下的"Has Type（UGMASTER）"子分支。

（2）选择"ACL 名称"下拉列表中的"UGMaster_Working"选项。

（3）单击"修改"按钮。

将 ACL 附加到规则树并测试权限

附加规则前后的对比如图 5－26 所示，在规则后多了一个 ACL 名称，即将规则与 ACL 关联，满足规则条件的对象将采用新建 ACL 所设定的访问规则进行数据访问控制。

```
Has Class( POM_application_object ) -> Working        Has Class( POM_application_object ) -> Working
  Has Type( NXDerived ) -> NXDerived Access             Has Type( NXDerived ) -> NXDerived Access
  Is GA( true ) -> GA Working                           Is GA( true ) -> GA Working
  Has Class( Item )                                     Has Class( Item )
  Has Class( ItemRevision )                             Has Class( ItemRevision )
  Has Class( Dataset )                                  Has Class( Dataset )
    Has Type( UGMASTER )                                  Has Type( UGMASTER ) -> UGMaster_Working
```

图 5－26　附加规则前后的对比（1）

2. 将"UGMaster_Release"附加到"Has Status"分支新建的规则

用同样的方法将"UGMaster_Release"附加到"Has Status"分支新建的规则，附加规则前后的对比如图 5－27 所示。

```
Has Class( POM_object )                               Has Class( POM_object )
  Current Group Is( Sponsor ) -> Sponsors               Current Group Is( Sponsor ) -> Sponsors
  Has Bypass( true ) -> Bypass                          Has Bypass( true ) -> Bypass
  Has Class( POM_application_object )                   Has Class( POM_application_object )
  Has Class( POM_object ) -> System Objects             Has Class( POM_object ) -> System Objects
  Has Class( WorkspaceObject )                          Has Class( WorkspaceObject )
  Has Class( SavedSearch )                              Has Class( SavedSearch )
  In Job( true )                                        In Job( true )
  In Current Program( false ) -> Not Current Program    In Current Program( false ) -> Not Current Program
  In Inactive Program( true ) -> Inactive Program       In Inactive Program( true ) -> Inactive Program
  Is Program Member( false ) -> Not Program Member      Is Program Member( false ) -> Not Program Member
  In Invisible Program( true ) -> Invisible Program     In Invisible Program( true ) -> Invisible Program
  Has Status( TCM Released ) -> TCM Released Rule        Has Status( TCM Released ) -> TCM Released Rule
  Has Status( ) -> Vault                                Has Status( ) -> Vault
    Has Class( Dataset ) -> Vault                         Has Class( Dataset ) -> Vault
      Has Type( UGMASTER ) -> Vault                         Has Type( UGMASTER ) -> UGMaster_Release
  Has Object ACL( true )                                Has Object ACL( true )
                                                        Has Class( POM_application_object ) -> Import/Export
```

图 5－27　附加规则前后的对比（2）

操作后将原来继承自父规则的 ACL 由 "Vault" 改为了 "UGMaster_Release"。
任务完成后，导出的规则树见随书资源的 "6 UGMaster_Release. xml" 文件。

## 5.4　任务评价

项目 5 任务评价见表 5 – 11。

表 5 – 11　项目 5 任务评价

| 评价项目 | 分值 | 得分 | |
| --- | --- | --- | --- |
| | | 自评分 | 师评分 |
| 理解访问者、数据对象和数据操作 | 10 | | |
| 理解 Teamcenter 访问管理机制 | 5 | | |
| 熟悉 Teamcenter 访问管理器工作界面 | 5 | | |
| 理解 Teamcenter 基于规则的数据保护机制 | 10 | | |
| 能够评估规则树 | 10 | | |
| 能在规则树中创建新规则 | 10 | | |
| 会创建新的 ACL | 10 | | |
| 会导入和导出访问管理器规则树 | 5 | | |
| 会验证访问规则的效果 | 10 | | |
| 完成对工作中和流程审批中数据的访问控制设置 | 10 | | |
| 学习认真，按时出勤 | 10 | | |
| 具有自主探究能力 | 5 | | |
| 总计得分 | | | |

【知识目标】

- 了解 Teamcenter Integration for NX 的主要功能。
- 理解主模型的概念。
- 熟悉 Teamcenter 中与 NX 相关的数据集。

【技能目标】

- 安装 Teamcenter Integration for NX 功能模块。
- 以集成模式启动 NX。
- 在 NX 集成模式下创建与修改数据。
- 使用 NX Manager 将装配导入 Teamcenter。
- 配置 NX 与 Teamcenter 的属性映射。
- 定制 NX Manager 模板。

【职业素养目标】

- 具有认真、细致的工作态度。
- 培养自主探究的工作精神。

## 6.1 项目描述

### 6.1.1 项目内容

在本项目中完成 Teamcenter 与 NX 的集成模块的安装与配置，以实现两套软件间的无缝集成。

### 6.1.2 项目实施步骤

本项目按企业真实项目中 Teamcenter 与 NX 集成的工作步骤安排，主要实施步骤如下。

（1）安装 Teamcenter 与 NX 集成的功能部件。

（2）配置 Teamcenter 与 NX 集成的系统默认模板。

（3）启动 NX 以集成方式运行。

（4）在 NX 集成模式下创建与修改数据。

（5）创建可视化数据。

（6）将历史文件通过装配导入工具导入 Teamcenter 数据库。

（7）定制集成模式下的 NX 模板文件。

（8）配置 NX 与 Teamcenter 的属性映射。

下面将上述每一个步骤安排为一个任务进行项目实施。

## 6.2　知识准备

### 6.2.1　Teamcenter Integration for NX 简介

NX 是 Siemens PLM Software 公司推出的一款集成了 CAD/CAE/CAM 的三维参数化设计软件。Teamcenter Integration for NX 是 Teamcenter 针对 NX 的一个应用，是 Teamcenter 与 NX 的集成功能模块，是由 Teamcenter 提供、与 NX 配合使用的产品数据管理工具。

Teamcenter Integration for NX 将 NX 强大的数字化设计、分析/仿真、制造功能和 Teamcenter 优秀的数据存储、管理能力集成，用来管理 NX 的设计数据和设计过程、NX 的零件、装配和工艺过程，使用户能够在一个受控的设计环境下协同工作，从而实现 CAx/PDM 数据的无缝连接。NX 在进行数据创建或修改时，访问的是当前的个人计算机，而通过 Teamcenter Integration for NX 可直接访问 Teamcenter 的统一数据库。基于两个系统的通信，设计者可通过 Teamcenter 数据库创建、访问和管理产品数据，并且易于获取产品设计结构。Teamcenter 中的 PSE 结构树和 NX 中的装配结构对应，对于 BOM 的修改，Teamcenter 和 NX 两个系统能够保持同步变化。此外，通过 Teamcenter Integration for NX 可保证 NX 与 Teamcenter 文件属性自动同步，其中文件属性包括文件名、编号、版本、类型、单位及自定义的其他属性。

Teamcenter Integration for NX 主要提供了以下功能。

（1）管理 NX 的零组件及其相关的设计文档。Teamcenter Integration for NX 通过数据集的方式管理由 NX 创建的数据文件（如三维模型及其属性值、二维图纸、产品装配结构以及 CAE 仿真等文件），并可维护零组件及相关文件的关联性（如建立 CAD 文档与需求说明的关联）。用户可直接建立、存储、取用及修改 Teamcenter 数据库中的零件。

（2）提供 CAD 设计模板及其管理功能。模板文件技术是在 NX 中进行环境定制的重要方法，该技术的使用对提高建模和制图规范显得非常重要，对提高机械设计效率、规范设计图纸、促进技术交流有很大的意义和应用价值。Teamcenter Integration for NX 提供标准的 CAD 模板，也可根据企业采用标准定制 CAD 模板。这些模板由系统管理员统一管理，设计人员在 NX 集成管理器中直接使用。这样可以为企业设定统一的设计模板，促进设计管理的规范化。

（3）在用户定义文件夹中方便地组织数据。文件夹是用于组织产品信息的工作区对象，是用户存放对象的一个主要容器。文件夹可以包含其他任何工作区对象（包括文件夹在内）。每个文件夹都有一个名称，其名称不是唯一的，可以重复。Teamcenter Integration for NX 通过文件夹来组织和管理项目或自己的数据对象及其相关文件。

（4）手工和自动的签入\签出。"签出"功能通过锁定数据库中的对象预留对一个或多个工作区对象的独占访问权限。当用户拥有写访问权限，且此对象没有被签出时，当前用户打开对象时，系统会自动签出此对象。"签入"功能用于解锁数据库中的对象。对象被当前用户签出时，在系统关闭对时会自动签入对象。

（5）通过 Teamcenter 系统的组、角色等功能管控数据的存取等访问权限。企业对所有的产品数据进行集中式管理的同时，也需要对管理的数据进行恰当的保护，以防止数据被没有权限的用户误操作、修改或删除。Teamcenter Integration for NX 通过在访问者（组、角色、用户等）和数据对象（零组件、数据集等）之间建立数据访问规则，来提高企业对产品数据的访问控制能力。

（6）主模型（Master Model）技术提供工作组及企业内部协同合作的工具。由主模型衍生出产品生命周期的其他数据，衍生数据与主模型关联。允许建立连动关系——当零件变化时，后续同步工程可迅速更新，非主模型总是对应最新版本的主模型；主模型支持同步工程，各部门工程师使用的数据分别存储，且能同时工作；可让多位工程师同时进行同一零件的后续工程。

（7）打开装配件时，可应用配置规则决定各零件的版次。Teamcenter 能够读取 NX 文件的装配结构，并利用其强大的零部件配置规则对产品进行配置。Teamcenter Integration for NX 可以根据 Teamcenter 系统的产品配置规则加载装配模型。

（8）零部件属性同步映射。允许在 NX 文件中存储及调用 Teamcenter 数据库的属性；可自行配置其他 NX 与 Teamcenter 属性的对应，并设定更新的方式（双向或单向），这些特定的 NX 零件属性会自动与 Teamcenter 数据库的属性保持同步更新。

（9）轻松查找数据。Teamcenter Integration for NX 提供多种查询功能，搜寻 Teamcenter 中的数据，查看零组件的使用情况。

（10）其他功能。例如，查看器可以随时查看当前工作区对象的三维模型等；重用库功能允许直接使用分类件、特征件。

## 6.2.2 主模型的概念与应用

### 1. 主模型的概念

主模型一般指设计室设计人员创建的零件模型。工艺室、结构分析室、描图员、总装车间的工程人员进行的后续操作所采用的模型均是对主模型的"引用"。

主模型文件是零件在一特定版次下的几何形状。当在 NX 中建立一个新的档案或版次时，系统会自动建立该零件的主模型文件。

非主模型文件是与零件的一个特定版次关联的文档，它包含该零件几何形状以外的 NX 数据。非主模型文件是一个包含主模型零件的装配文件，例如主模型文件的二维图档或数控机床刀具路径。通过这种方式，可以将所有衍生的数据与基本的几何形状数据分开存储。

### 2. 主模型的应用

主模型的工作方式为：主模型零件单一地定义数据。所有其他使用到此零件的应用（例如加工、出图等）都是通过此主模型文件建立装配文件，以此主模型零件作为唯一装配组件的方式进行的。

在这种方式下，NX Manager 的数据库则将由主模型零件及由它产生的其他数据组织起来，主要利用非主模型数据（包括 manifestations 和 specifications）的方式完成。

应用主模型概念，零件的衍生数据与其基本的几何定义分别储存在不同的档案中，如图 6 - 1 所示。

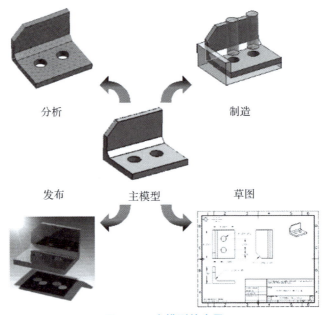

分析              制造

发布        主模型       草图

**图 6 - 1    主模型的应用**

### 3. 应用主模型的优势

（1）支持并行工程，实现协同设计（图 6 - 2）。PDM 系统的目的是促进企业内部不同部门的沟通，并消除序列性的工作模式及数据交换。并行工程指的是一个工作团队的各个成员能够同时对多个组装着单一共用的产品定义模型的档案进行不同的工作。产品设计最有效率的方法就是应用并行工程技术。主模型支持并行工程，各部门工程师使用的数据分别存储，且能同时工作，主模型可让多位工程师同时进行同一零件的后续工程（如建立二维图纸、装配、编写 CAM 加工程序等）。

（2）非主模型文档永远对应最新版本的主模型定义，并可在主模型与非主模型之间建立联动关系。当零件主模型变更时，后续的工程可迅速更新。

（3）零件的主模型定义数据可减少其他文档数据，使文件数据量较小，占据较少的数据存储及内存空间。

（4）可针对各相关文档设定不同的存取控制模式（例如主模型文档只读，而制图仍可修改）。

### 4. Teamcenter 中与 NX 相关的数据集

（1）　　UGMASTER 数据集：用于保存三维主模型。

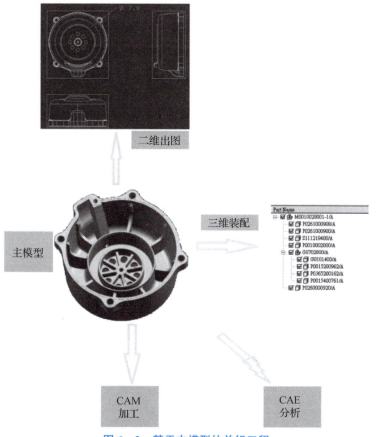

**图6-2 基于主模型的并行工程**

（2）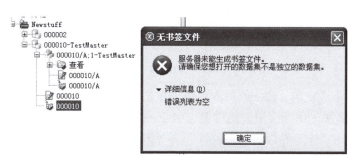UGPART数据集：用于保存非主模型，可以是二维工程图、分析模型、制造模型。

（3）DirectModel数据集：对应JT格式文档，是一种可视化文档。

另外，特别要注意的是，根据主模型的思想，UGMASTER只能存放于零组件版本下，且每个零组件版本下最多只能有一个UGMASTER，但可以存在多个UGPART。图6-3所示为当在ID号为000010的零组件下存放UGMASTER数据集时，双击时所报的错误提示。

**图6-3 UGMASTER数据集存放于零组件下双击打开报错**

## 6.3　项目实施

集成功能
模块的安装

### 6.3.1　Teamcenter Integration for NX 的安装

Teamcenter Integration for NX 没有单独的安装程序，其安装文件随附于 Teamcenter 系统安装包中。由于该功能模块不是默认安装选项，故需要在安装 Teamcenter 胖客户端时，手动勾选"NX Manager For Rich Client"复选框安装该模块。当然也可以在安装完 Teamcenter 胖客户端后，使用 Environment Manager 配置程序，通过其功能部件添加 NX Manager For Rich Client 功能部件。

下面以 Teamcenter 12 与 NX 12 为例，介绍 Teamcenter Integration for NX 功能模块的安装步骤。

（1）选择"开始"→"所有程序"→"Teamcenter12"→"Environment Manager"选项，启动 Teamcenter 维护安装程序。

Teamcenter 维护安装程序也可由客户端的"install"目录下的"tem. bat"文件启动，该文件的路径为"D：\Siemens\Teamcenter\TCClient\install\tem. bat"。

Teamcenter 维护安装程序启动后如图 6 - 4 所示。

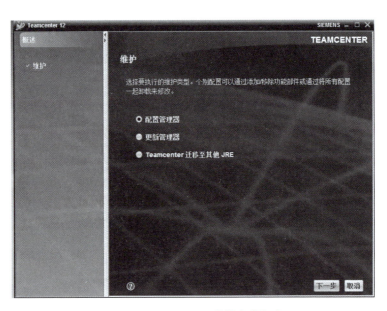

图 6 - 4　Teamcenter 维护安装程序

（2）在 Environment Manager 维护向导中，单击"配置管理"→"维护现有配置"→"添加/移除功能部件"单选按钮，然后单击"下一步"按钮（图 6 - 5）。

（3）在"功能部件"界面，单击"＋"号展开"Teamcenter Integration for NX"，勾选"NX Foundation""NX Rich Client Integration"复选框，然后单击"下一步"按钮（图 6 - 6）。

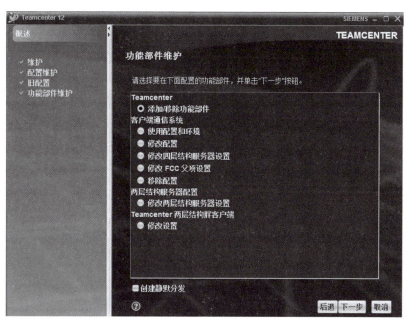

图 6 - 5 添加/移除功能部件

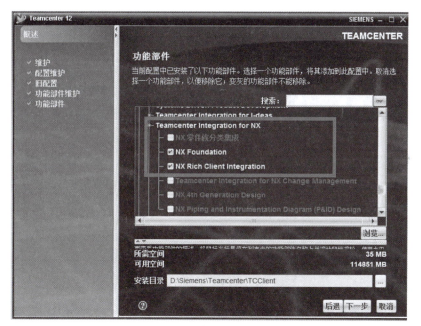

图 6 - 6 "功能部件"界面

（4）在"NX 安装"界面，安装程序会自动识别当前系统中已安装的 NX 的安装路径（图 6 - 7）。如果指定的路径并非 NX 安装路径，则在接下来的安装过程中会出错。因此，在安装 Teamcenter Integration for NX 功能模块前，一定要安装好 NX。

（5）此后，会弹出"确认选择"对话框，单击"确定"按钮后开始安装。直到最后出现安装功能部件成功对话框，完成 Teamcenter Integration for NX 功能模块的安装，如图 6 - 8 所示。

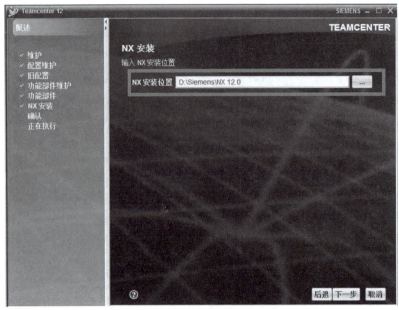

图 6 – 7　指定 NX 安装路径

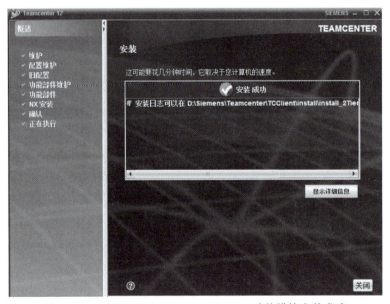

图 6 – 8　**Teamcenter Integration for NX 功能模块安装成功**

## 6.3.2　NX Manager 的启动

**NX MANAGER
的启动**

用户可在 Teamcenter 客户端启动 NX 进入 NX Manger 运行模式，也可通过执行"Ugmanager\ugmanager. bat"批处理文件启动。两种方法分别介绍如下。

### 1. 在 Teamcenter 客户端启动的方法

（1）启动 Teamcenter 客户端后，选择"编辑"→"选项"命令。

（2）在"选项"面板中选择左边的"NX"项，然后，在右边的"显示"在 NX 中打开"命令"后勾选"是"复选框，如图 6 – 9 所示。

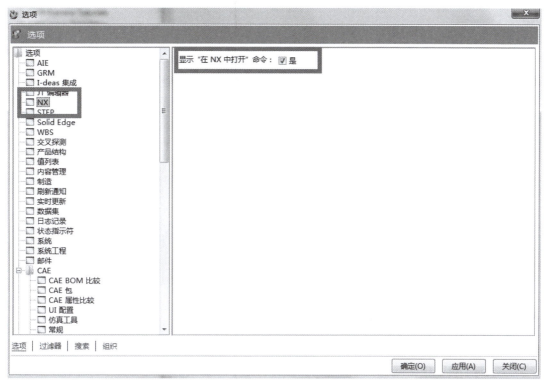

**图 6 – 9　显示启动 NX Manager 按钮的选项**

（3）设置完成后，会在 Teamcenter 客户端界面上添加一个"在 NX 中启动/打开"按钮，如图 6 – 10 所示。

**图 6 – 10　在"NX 中启动/打开"按钮**

如图 6 – 10 所示，在 Teamcenter 工具栏中单击该按钮，即可启动 NX 并进入 NX Manager 模式运行。

**2. 通过命令行调用"ugmanager. bat"批处理文件启动的方法**

（1）启动 Teamcenter 命令行窗口。

选择"开始"→"Program"→"Teamcenter12"→"tc12_TCServer Command Prompt"选择。

（2）在命令行窗口，输入命令调用"ugmanager. bat"，方法如下。

输入"cd % UGII_BASE_DIR% \ ugmanager"，进入"ugmanager"目录。

输入命令"ugmanager – u = 用户名 – p = 密码"，可启动 NX 并进入 NX Manager 模式运行。

根据于上面的方法，可以把相关命令编成一个批处理文件（后缀名为".bat"），需要使用 NXManager 时，只需要运行批处理文件即可。批处理文件的内容如下：

```
SET TC_ROOT=D:\Siemens\Teamcenter\TCServer
SET TC_DATA=D:\Siemens\Teamcenter\tcdata
call %TC_DATA%\tc_profilevars

set UGS_LICENSE_SERVER=28000@TC2022
set SPLM_LICENSE_SERVER=28000@TC2022
set ugii_base_dir=D:\Siemens\NX12~1.0
set ugii_root_dir=D:\Siemens\NX12~1.0\UGII
set UGII_LANG=simpl_chinese
set UGII_DISPLAY_DEBUG=1

cd /d %UGII_BASE_DIR%\ugmanager
call ugmanager -u=infodba -p=infodba
```

使用命令行窗口启动还有另一种方法，即可通过调用"ugraf.exe"，并传递用户身份信息和"-pim=yes"参数。这种方法对应的批处理文件的内容如下：

```
SET TC_ROOT=D:\Siemens\Teamcenter\TCServer
SET TC_DATA=D:\Siemens\Teamcenter\tcdata
call %TC_DATA%\tc_profilevars

set UGS_LICENSE_SERVER=28000@TC2022
set SPLM_LICENSE_SERVER=28000@TC2022
set ugii_base_dir=D:\Siemens\NX12~1.0
set ugii_root_dir=D:\Siemens\NX12~1.0\UGII
rem set UGII_LANG=simpl_chinese
set UGII_LANG=english
set UGII_DISPLAY_DEBUG=1
```

根据测试的经验，相对在 Teamcenter 客户端启动 NXManger，使用命令行窗口或批处理文件的方式启动速度更快。

以上两个批处理文件编写容易出错，读者可以参考随书资源中"1 启动 NX 集成模式运行批处理"文件夹内相关文件的内容。

### 6.3.3　NX 集成模板的导入

NX 集成
模板的导入

通过上面的设置，可以顺利启动 NX。此时是以 NX Manager 模式运行，从界面上看与从操作系统直接运行 NX 并无不同。若此时单击 NX 工具栏上的"新建"按钮，则会弹出没有安装 NX CAD 模板的错误信息提示对话框，如图 6-11 所示。

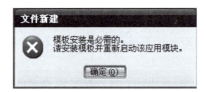

图 6-11　未安装 NX CAD 模板的错误信息提示对话框

从 NX5 版本开始，NX 提供了模板供用户使用。这些模板位于"%UGII_BASE_DIR%\ugii\templates"目录下。这些模板只是存在于用户的磁盘上，没有导入 Teamcenter 数据库。要在 NX Manager 模式中使用，需要使用导入工具将模板导入。在 NX Manager 中导入模板的方法如下。

（1）启动 Teamcenter Engineering 的命令行窗口。

选择"开始"→"Program"→"Teamcenter12"→"tc12_TCServer Command Prompt"

选项。

（2）在弹出的命令行窗口中输入命令"cd /d % UGII_BASE_DIR% \ UGII \ templates \ sample"，按 Enter 键，进入 NX 安装路径下的"\ UGII \ templates \ sample"目录。

（3）调用"tcin_template_setup. bat"文件，进行模板导入。命令如下：

tcin_template_setup  − u = infodba  − p = infodba  − g = dba

按 Enter 键后开始导入模板。

模板导入的过程需要较长时间，请耐心等待，直到命令行窗口中出现"import completed successfully"提示信息。以上命令执行直到成功的整个过程如图6 – 12 所示。

图 6 – 12　通过命令行窗口导入 CAD 模板

### 6.3.4　在 NX Manager 环境下创建数据

创建数据、
修订数据、
JT 预览

1. 新建零组件

1）新建零组件的步骤

（1）选择模板。

（2）指派或输入文件编号和版本。

（3）浏览并选择保存零组件的文件夹。

（4）定义项目。

（5）若有需要可更改属性。

2. 新建零组件实例

（1）启动 NX Manager。

（2）选择"文件"→"新建"命令，或按"Ctrl + N"组合键。

（3）在"模板"功能区的"单位"下拉列表中选择"毫米"选项（图6 – 13）。

（4）切换到"模型"选项卡，并选择"模型"模板（图6 – 13）。

（5）双击左下方"名称和属性"功能区的"ID"框，系统自动产生零组件 ID、版本 ID 和名称，用户也可以再次修改零组件的名称（图6 – 13）。

**图 6 – 13　新建零组件对话框**

（6）单击  按钮，弹出"文件夹选择"对话框（图 6 –14）。

**图 6 – 14　创建并选择文件夹**

（7）在"文件夹选择"对话框中，单击"新建"按钮，输入文件夹名称（图 6 – 14 中新建了一个名为"NX Manager"的文件夹），然后单击"确定"按钮。

（8）在返回的"新建项"对话框中，单击"确定"按钮关闭对话框，并进入 NX 建模环境（图 6 –15）。

（9）在 NX 建模环境设计工作完成后，单击"保存"按钮或"Ctrl + S"组合键保存模型文件。

**图 6 – 15　在 NX 中新建零组件**

（10）用同样的方法，再建立一个简单零组件。本课程的重点不在于 NX 设计软件的使用，因此，在实验时可以建立一些尽可能简单的模型。图 6 – 16 所示为新创建的两个零组件主模型（一个圆柱体和一个正方体）。

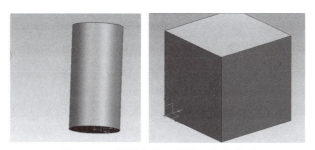

**图 6 – 16　新创建的两个零组件主模型**

### 3. 新建装配

在 Teamcenter 中，装配是一个包含零组件对象的主模型文件。在 NX Manager 环境下创建装配的过程与上一节创建普通零组件的过程很相似。在装配中不但可以通过"添加组件"增加对其他零组件的引用，还可以在装配中包括体、草图、基准等任何满足设计需要的模型元素。

图 6 – 17 所示是 Teamcenter 中编号为"000034"的某装配结构的数据显示。在 Teamcenter 中，装配数据对象与普通零组件的区别是多了"BOM View"数据文件，它是用来存储装配结构的数据对象。

在 NX Manager 环境下，新建装配需要在新建装配对话框的"模型"选项卡中找到"装配"模板。选择该模板进入建模环境后，首先会弹出"添加组件"对话框。在该对话框中可以选择添加到装配中的零组件。

创建新的装配的操作步骤如下。

（1）单击"新建"按钮，或者选择"文件"→"新建"命令，弹出新建装配对话框（图 6 – 18）。

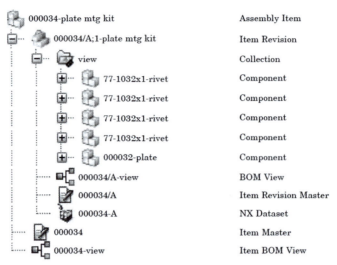

图6-17　Teamcenter 中某装配结构的数据显示

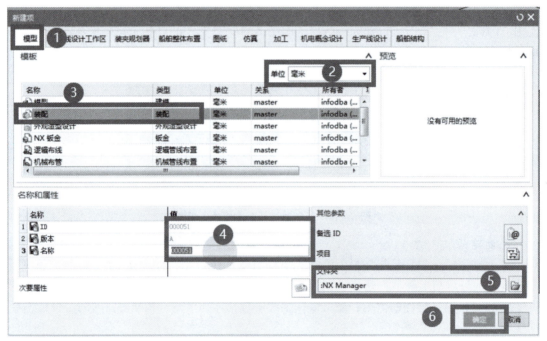

图6-18　新建装配对话框

（2）在新建装配对话框中，切换到"模型"选项卡。

（3）在"模板"功能区，在上方的"单位"下拉列表中选择"毫米"选项。

（4）在模板列表中选择"装配"模板。

（5）在"名称和属性"功能区，双击自动产生零组件 ID、版本 ID 和零组件名称。

（6）指定文件夹。

（7）单击"确定"按钮，关闭新建装配对话框。

（8）弹出"添加组件"对话框（图6-19），系统将当前已经打开的零组件添加到可选零组件列表，单击"确定"按钮，自动将当前新建的两个零组件添加到装配（图

6 – 20）。

（9）进行相关设计工作，完成后保存文件。本实验中建立了一个简单的装配，包含一个圆柱体、一个正方体。

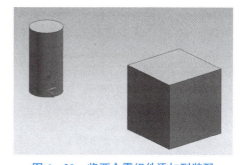

图 6 – 19　"添加组件"对话框　　　　图 6 – 20　将两个零组件添加到装配

由于装配中添加组件、新建组件、组件定位等与正常使用 NX 区别不大，故不再讲解。感兴趣的读者可以参考 NX 相关学习书籍自行练习。

### 4. 新建非主模型

1）创建非主模型的步骤

用户可以使用系统提供的"图纸"模板下的"空白"模板创建非主模型。它提供了二维工程图纸的标准格式，选中它后可以在旁边预览其基本样式。

新建非主模型对话框界面如图 6 – 21 所示。

新建非主模型的步骤如下。

（1）选择模板。一般选择从"图纸"选项卡中的模板列表中选择（包括"空白"模板）。

（2）指定"Relationship"（specification，manifestation，altreps）。

（3）指定"参考部件"，即主模型文件，非主模型必须指定是基于哪一个主模型文件创建的。NX Manager 会以添加组件的方式把 Reference Part 装配进来，建立 Non – Master part，而其原所引用的文件（Reference Part）称为 Master part，是唯一的零组件。

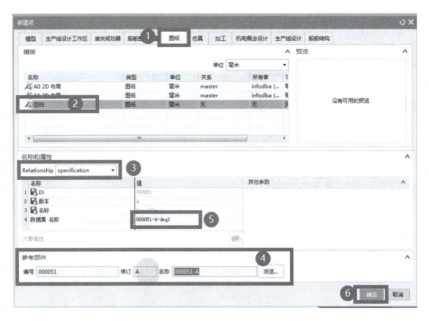

图 6 - 21　新建非主模型对话框

（4）指定数据集名称，默认非主模型文件名称为"零组件 ID + 版本 ID + dwg + 序号"的形式。

（5）单击"确定"按钮。

2）创建非主模型实例

读者可以在前面所创建主模型的基础上完成本练习。本练习假设读者已经打开了之前所创建的主模型（或装配）。主要操作步骤如下。

（1）单击"新建"按钮，或者选择"文件"→"新建"命令。

（2）单击"图纸"选项卡，切换到"制图"模板。

（3）在"模板"功能区，在上方的"单位"下拉列表中选择"公制"选项。

（4）在模板列表中选择"Blank"模板。

（5）在"名称和属性"功能区，在"RelationShip"下拉列表中选择"specification"或"manifestation"关系类型。

（6）在"名称"框中输入数据集名称。

（7）在"参考部件"功能区，单击"浏览"按钮，打开"选择主模型"对话框。

（8）在"选择主模型"对话框中，从"已加载的部件"下拉列表中选择已经载入的模型文件。

（9）也可以通过单击"浏览"按钮，通过文件浏览对话框中手动选择一个主模型文件。

（10）单击"确定"按钮。

非主模型的 ID、版本和名称是灰色的，表示它们不可编辑。同时，数据集名称默认为主模型文件名加上后缀" - dwg1"（注：这个后缀可以由系统管理员根据企业规定进行配置）。

（11）在新建非主模型对话框中单击"确定"按钮。

系统进入 NX 的"制图"模板，当完成制图后单击"保存"按钮，主模型文件就会存入 Teamcenter 数据库。

### 5. 创建可视化数据

常见的 NX 可视化数据可分为三维可视化数据和二维可视化数据。

三维可视化数据：JT 数据

二维可视化数据：CGM 数据、GIF 数据、TIF 数据。

需要指出的是，JT 数据并不能称为相关文件或依附文件，因为它并不存放在"命名的引用"中，JT 数据在 Teamcenter 中对应"DirectModel"类型数据集。

### 6. 创建 JT 数据

下面演示创建三维可视化 JT 数据，步骤如下（图 6 – 22）：

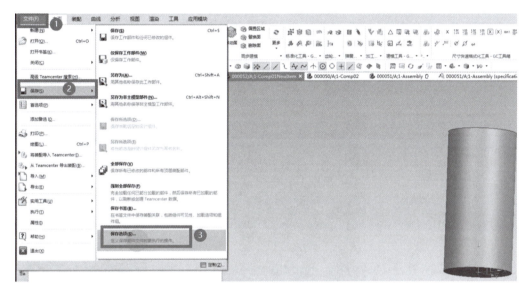

**图 6 – 22　打开"保存选项"对话框**

（1）启动 NX Manager。

（2）打开之前创建的圆柱体零组件。

（3）选择"文件"→"保存"→"保存选项"命令。

（4）在弹出的"保存选项"对话框（图 6 – 23）中，勾选"保存 JT 数据"复选框，然后单击"确定"按钮，关闭"保存选项"对话框。

（5）在 NX 建模界面，单击"保存"按钮，或按"Ctrl + S"组合键，将文件保存到数据库。

（6）登录 Teamcenter 客户端。

可以发现，在圆柱体零组件下，有一个"DirectModel"类型的数据集。该数据集中存放的即模型对应的三维可视化 JT 数据。

选择"DirectModel"类型的数据集后，在右侧切换到"查看器"透视图，即可在 Teamcenter 中实现对该零组件的三维可视化浏览（图 6 – 24）。

图 6 – 23　"保存选项"对话框

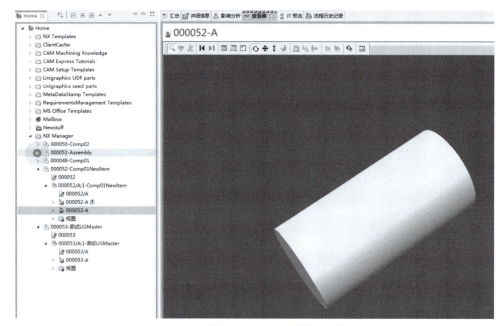

图 6 – 24　在 Teamcenter 中浏览 JT 数据

**7. 创建二维可视化数据**

常用的二维可视化数据有 CGM、GIF、TIF3 种格式。下面以创建 CGM 为例，介绍如何创建二维可视化数据。

CGM 是 Computer Graphics Metafile（计算机图元文件）的缩写。它是一种标准的计算机图形文件，是产生二维工程图纸的文件格式之一。

使用 NX Manager 为二维工程图纸创建 CGM 数据的步骤如下。

（1）启动 NX Manager。

（2）打开前面创建的非主模型数据集。

可以单击"文件"菜单，在"最近打开的部件"列表中选择后缀为 dwg 的数据集，这里选择编号为"000051 A – dwg1"的数据集，如图 6 – 25 所示。

图 6 – 25　打开非主模型数据集

（3）选择"文件"→"保存"→"保存选项"命令，打开"保存选项"对话框（图 6 – 26）。

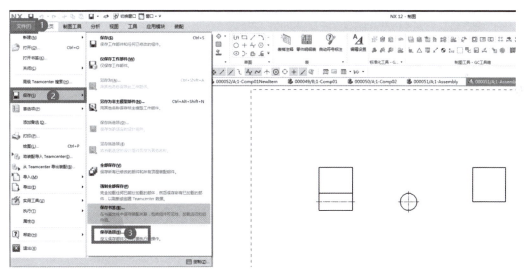

图 6 – 26　打开"保存选项"对话框

（4）在弹出的"保存选项"对话框中，勾选"保存图纸的 CGM 数据"复选框，然后单击"确定"按钮，关闭"保存选项"对话框（图 6 – 27）。

（5）在 NX 建模界面，单击"保存"按钮，或按"Ctrl + S"组合键，将 CGM 数据保存到数据库。

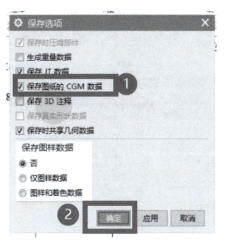

图 6 – 27　设置保存 CGM 数据

（6）登录 Teamcenter 客户端，选择图纸数据集，切换到"汇总"透视图，可以在右侧看到图纸的预览，如图 6 – 28 所示。

图 6 – 28　Teamcenter 中预览 CGM 数据

### 6.3.5　使用 NX Manager 导入模型与装配

通常企业在实施 PDM 系统前，已经有相当的规模和一定数量的历史设计图文档。这些设计图文档作为企业重要的知识资源，必须导入 Teamcenter 系统进行统一管理。

导入模型与
装配（1）

用户可以在 Teamcenter 客户端，通过新建 UGMASTER、UGPART 数据集的方式将这些模型文件导入 Teamcenter 数据库。但这种方式效率低，而且不能维护装配与零组件、主模型与非主模型之间的关系。

NX Manager 提供了装配导入的工具。使用它可将装配连同所有零组件和非主模型文件一同导入，并能设置导入后零组件的编号、版本、规则等。

启动集成模式运行的 NX 后，选择"文件"→"将装配导入 Teamcenter"命令（图 6 –29），将打开"将装配导入 Teamcenter"对话框（图 6 –30）。

项目
6

ZX
集
成
配
置
与
设
计
应
用

图 6 – 29　"将装配导入 Teamcenter" 命令

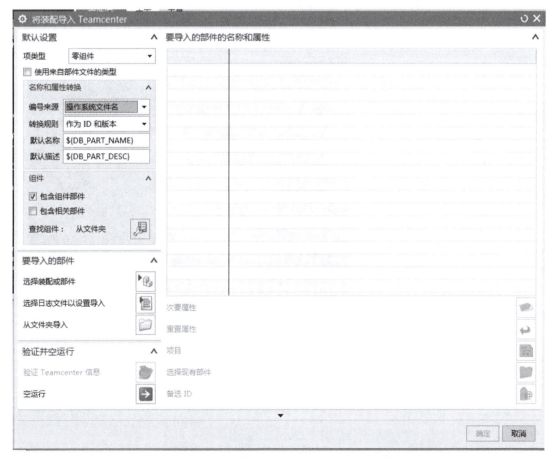

图 6 – 30　"将装配导入 Teamcenter" 对话框

将装配导入 Teamcenter 后，其对应零组件 ID 命名方式由"编号来源"下拉列表中的选项设置，有 3 种方式，即"部件 ID 生成器""操作系统文件名"和"属性"，如图 6 – 31 所示。

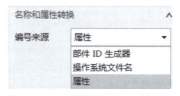

图 6 – 31   "编号来源"下拉列表

下面分别对这 3 种不同的 ID 编号规则开展项目实验。

### 1. 流水号作为零组件 ID

本部分使用流水号（即 Teamcenter 系统默认的自动生成零组件 ID）的方式导入装配。

实验使用的装配模型文件见随书资源中的"2 装配导入 \2.1 ImportAssembly \2105_000.prt"要导入的装配预览（溜冰鞋）如图 6 – 32 所示。

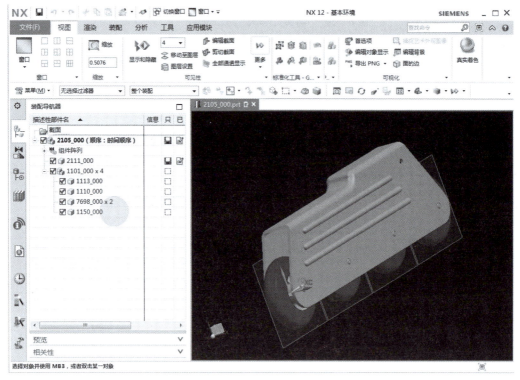

图 6 – 32   要导入的装配预览（溜冰鞋）

操作步骤如下。

（1）以集成模式运行 NX。

（2）选择"文件"→"将装配导入 Teamcenter"命令，打开"将装配导入 Teamcenter"对话框。

（3）在"将装配导入 Teamcenter"对话框中，"项类型"选择"零组件"，"编号来源"设置为"部件 ID 生成器"，如图 6 – 33 所示。

图 6－33　指定零组件类型及 ID 生成规则

（4）单击"选择装配或部件"按钮　，在弹出的装配文件选择对话框中，导航到提供的资源文件目录，并选择"2105_000.prt"文件，然后单击"确定"按钮（图6－34）。

图 6－34　指定装配文件

（5）系统会自动搜索装配下的所有零组件，如图6－35所示。

图 6－35　装配加载完毕

（6）单击"其他参数"按钮，展开其他参数设置面板（图6－36）。

（7）单击"默认目标文件夹"旁边的　按钮，打开"文件夹选择"对话框。可以在此指定将装配导入 Teamcenter 中哪个文件夹（图6－36）。

（8）在弹出的"文件夹选择"对话框中，选择文件夹，也可以新建文件夹。实验中，选择在"NX Manager"文件夹下新建一个"ImportAssembly2"文件夹（图6-36）。

（9）指定文件夹后，单击"确定"按钮，返回"将装配导入Teamcenter"对话框。

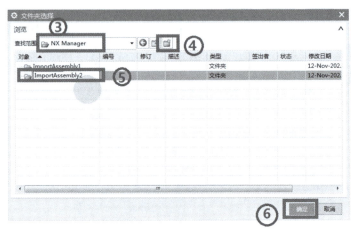

图6-36　指定要导入的文件夹

（10）测试运行导入。单击"空运行"旁边的 ⇨ 按钮，执行导入测试，测试没有问题后会显示运行结果，如图6-37所示。

图6-37　测试运行结果

（11）单击"将装配导入Teamcenter"对话框最下面的"确定"按钮开始导入，导入成功后，会显示信息提示，如图6-38所示。

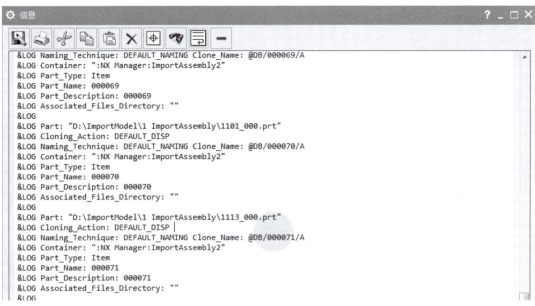

图6-38 导入结果日志

（12）展开"Teamcenter 导航器"中的"NX Manager"→"ImportAssembly2"文件夹，可以看到新导入的7个零组件，如图6-39所示。

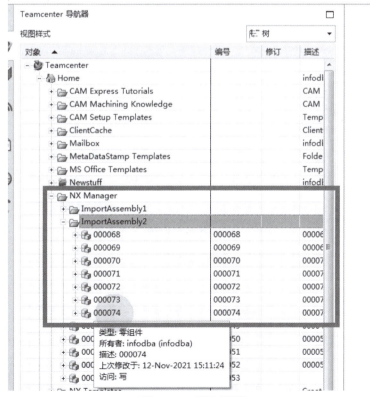

图6-39 导入结果

图 6 – 39 中的"000073"为所导入的装配模型，用户可以在 NX 中打开，如图 6 – 40 所示。

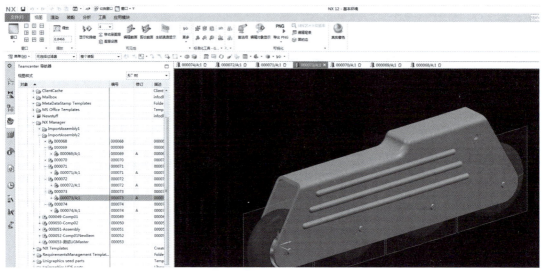

图 6 – 40　浏览导入后的装配模型

### 2. 操作系统文件名作为零组件 ID

本部分使用"操作系统文件名"（即基于装配和零组件的文件名生成 Teamcenter 零组件 ID）的方式导入装配。

实验使用的装配模型文件见随书资源中的"2.2 ImportAssembly（Attribute）\ caster_assm. prt"文件。

操作步骤如下。

（1）以集成模式运行 NX。

（2）选择"文件"→"将装配导入 Teamcenter"命令，打开"将装配导入 Teamcenter"对话框。

（3）在"将装配导入 Teamcenter"对话框中，"项类型"选择"零组件"，"编号来源"设置为"操作系统文件名"，"转换规则"设置为"带前缀"，"前缀"设置为"HNZJ_"，如图 6 – 41 所示。

图 6 – 41　装配导入参数设置

（4）单击"选择装配或部件"按钮 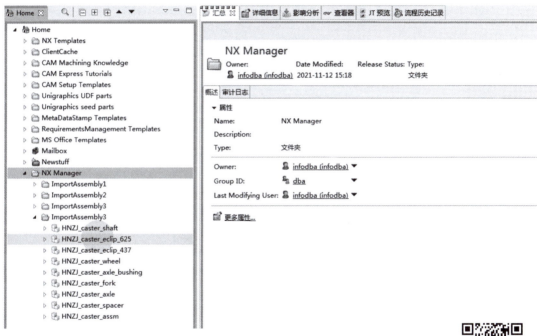 ，在弹出的装配文件选择对话框中，导航到提供的资源文件目录，并选择"caster_assm. prt"文件，然后单击"确定"按钮。系统会自动搜索装配下的所有零组件。

（5）单击"其他参数"按钮，展开其他参数设置面板。将"默认目标文件夹"指定为"NX Manager"文件夹下新建的"ImportAssembly3"文件夹。指定文件夹后，单击"确定"按钮，返回"将装配导入Teamcenter"对话框。

（6）测试运行导入。单击"空运行"旁边的 按钮，执行导入测试，测试是否有问题。

（7）单击"将装配导入Teamcenter"对话框最下面的"确定"按钮开始导入。

（8）用户可以登录Teamcenter客户端查看导入的零组件，如图6-42所示。

**图6-42　成功导入**

### 3. 零组件属性作为零组件ID

本部分使用"属性"（即基于装配和零组件的属性值生成Teamcenter零组件ID）的方式导入装配。

导入模型与装配（2）

实验使用的装配模型文件见随书资源中的"2.2 ImportAssembly（Attribute）\ caster_assm. prt"文件。

需要导入的装配如图6-43所示。

因为要用到属性替代，所以为了叙述方便，以装配文件"caster_assm. prt"为例，其属性设置如图6-44所示。

在工作中如用其他文件，特别要注意对文件属性要做相关的设置。本示例所用到的各文件及属性设置见表6-1。

**图 6 – 43　需要导入的装配**

1—装配；2—轴；3—套筒；4—轮架；5—轴衬；6—轮子；7—轮轴；8—625 开口挡圈；9—437 开口挡圈

**图 6 – 44　"caster_assm. prt"文件属性设置**

**表 6 – 1　所用文件及属性设置**

| 文件名 | 图例 | 属性设置 | |
|---|---|---|---|
| caster_assm. prt | | PART_NUMBER | Import_000101 |
| | | PART_NAME | caster_assm |
| | | PART_DESC | Caster Assmbly |
| caster_wheel. prt | | PART_NUMBER | Import_000102 |
| | | PART_NAME | caster_wheel |
| | | PART_DESC | Caster wheel |
| caster_fork. prt | | PART_NUMBER | Import_000103 |
| | | PART_NAME | caster_fork |
| | | PART_DESC | caster fork |

续表

| 文件名 | 图例 | 属性设置 | |
|---|---|---|---|
| caster_spacer. prt | | PART_NUMBER | Import_000104 |
| | | PART_NAME | caster_spacer |
| | | PART_DESC | caster spacer |
| caster_shaft. prt | | PART_NUMBER | Import_000105 |
| | | PART_NAME | caster_shaft |
| | | PART_DESC | caster shaft |
| caster_eclip_625. prt | | PART_NUMBER | Import_000106 |
| | | PART_NAME | caster_eclip_625 |
| | | PART_DESC | Caster eclip 625 |
| caster_eclip_437. prt | | PART_NUMBER | Import_000107 |
| | | PART_NAME | caster_eclip_437 |
| | | PART_DESC | caster eclip 437 |
| caster_axle_bushing. prt | | PART_NUMBER | Import_000108 |
| | | PART_NAME | caster_axle_bushing |
| | | PART_DESC | Caster axle bushing |
| caster_axle. prt | | PART_NUMBER | Import_000109 |
| | | PART_NAME | caster_axle_bushing |
| | | PART_DESC | caster axle bushing |

（1）启动 NX Manager。

（2）选择"文件"→"将装配导入 Teamcenter"命令，打开"将装配导入 Teamcenter"对话框。

（3）在"将装配导入 Teamcenter"对话框中，进行如下设置（图 6 - 45）。

① "项类型"选择"零组件"。

② "编号来源"设置为"属性"。

③ "ID 属性"设置为" $\${PART_NUMBER}$ "。

④ "默认名称"设置为" $\${PART_NAME}$ "。

⑤ "默认描述"设置为" $\${PART_DESC}$ "。

（4）单击"选择装配或部件"按钮 ，在弹出的装配文件选择对话框中，导航到提供的资源文件目录，并选择"caster_assm. prt"文件，然后单击"确定"按钮，系统会自动搜索出装配下的所有零组件。

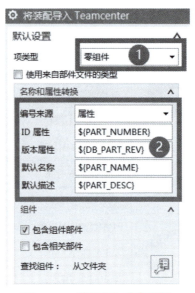

图 6 – 45　装配导入参数设置

（5）单击"其他参数"按钮，展开其他参数设置面板。将"默认目标文件夹"指定为"NX Manager"文件夹下新建的"ImportAssembly5"文件夹。指定文件夹后，单击"确定"按钮，返回"将装配导入 Teamcenter"对话框。

（6）测试运行导入。单击"空运行"旁边的 ➡ 按钮，执行导入测试，测试是否有问题。

（7）单击"将装配导入 Teamcenter"对话框最下面的"确定"按钮开始导入。

（8）展开"Teamcenter 导航器"中的"NX Manager"→"ImportAssembly5"文件夹，可以打开新导入的装配模型，如图 6 – 46 所示。

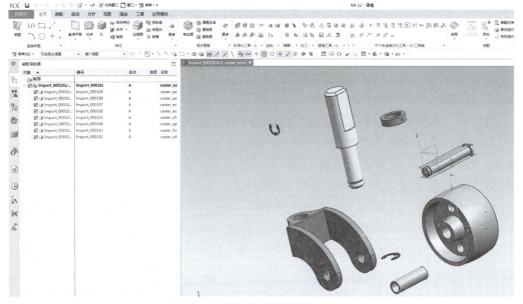

图 6 – 46　导入成功后打开装配模型

### 6.3.6　NX Manager 模板文件定制

NX 设计是参数化全相关的设计，模板文件技术是参数化设计的重要应用，用户只需要修改模板文件中的参数就可以实现模型的更新。该技术还应用于 NX 中的其他功能，如部件族、电子表格。可以说模板文件技术是 NX 系统的基础应用技术之一。模板文件技术既是参数化设计的体现，也是环境定制的重要手段之一。

启动 NX，选择"新建"命令，会弹出"新建"对话框。该对话框包含多个选项卡，每个选项卡下有一个或多个模板。用户根据类型选择模板，作为创建新部件的初始环境。NX 系统默认提供了三维建模模板、工程图模板和 CAE 模板等多种类型的模板。但是，NX 自带的模板文件一方面不符合我国机械设计制图的国家标准，另一方面也不符合企业的设计建模规范。因此，企业实际应用时，需要自定义这些模板。

本节完成两个实验，最终定制出可用于本地环境和集成环境下的制图模板，完成后的效果如图 6 - 47 所示。

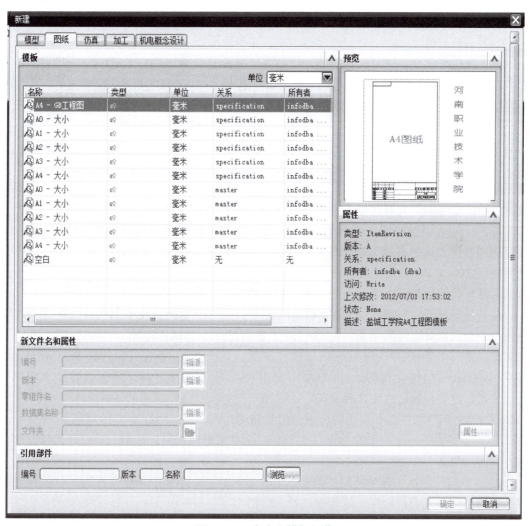

图 6 - 47　自定义模板预览

**1. 定制本地环境下使用的模板**

定制本地环境下使用的模板

**2. 定制集成环境下使用的模板**

定制集成环境下使用的模板

### 6.3.7　NX/Teamcenter 属性映射

**1. 属性映射概述**

产品的几何信息、材料信息、结构信息等产品的定义手段都在 CAD 文件中表达。一个有效的 PDM 系统必须具备管理各种 CAD 工具所产生的产品数据的能力，能够提取甚至修改 CAD 文件内部的属性值或内容，以获得对产品完整信息的管理支持。因此，PDM 系统能否顺利继承并有效利用 CAD 文件内部信息成为 PDM 系统是否实用的关键。

NX/Teamcenter
属性映射

属性数据作为 PDM 系统中非常重要的结构化数据，主要来源于工程图纸中的文本信息。以往企业在实施 PDM 系统后，需要手工把工程图纸中的文本信息录入系统，这种录入方式给企业带来了大量的重复性工作，给 PDM 系统在企业中的成功运行增加了阻力。由此可见，PDM 系统作为企业信息集成平台，结构化数据来源的自动化管理非常重要，而要达到数据来源的自动化管理目的，其关键是实现 PDM 系统与 CAD 文件内部的数据信息交换。CAD 工具与 PDM 系统之间的集成是实现 PDM 系统与 CAD 工具之间功能交互、信息共享和数据通信等 3 个方面的管理与控制的重要手段之一。

在通常情况下，"映射"一词有照射的含义，是一个动词。在本节中，映射是一个术语，指两个元素集之间的相互"对应"的关系，是一个名词；也指"形成对应关系"这个动作，是一个动词。NX/Teamcenter 属性映射，其意为在 NX 部件（NX Part Attribute）与 Teamcenter 零组件（Teamcenter Object Attribute）中，在指定对应的属性数据之间形成对应关系。这种映射有以下几种含义。

（1）NX 部件的数据在存档时，属性值将自动写入 Teamcenter 对应的对象。

（2）在 Teamcenter 中修改并保存 Teamcenter 对象属性，用户使用 NX 打开部件，部件属性将自动更新。

（3）零组件版本主表单的属性值如果有设定 LOV，在 NX 中新建文件时，会提供其对应的部件值，并且可以使用下拉列表选择属性的值。

Teamcenter 与 NX 之间默认有以下默认映射属性见表 6 - 2。

表 6 – 2　Teamcenter 与 NX 的默认映射属性

| NX 部件 | 描述 | Teamcenter 零组件 |
|---|---|---|
| DB_PART_NO | Part Number | Item ID |
| DB_PART_REV | Part Revision | Item Revision ID |
| DB_PART_TYPE | Part Type | Item Type |
| DB_PART_NAME | Part Name | Item Name |
| DB_PART_DESC | Part Description | ltem Description |
| DB_UNITS | Part Unit of Measure | Item Unit of Measure |

从表 6 – 2 可以看，Teamcenter 中的零组件 ID 与 NX 系统的 DB_PART_NO 关联。可以使用 NX 打开在 6.8 节所导入的编号为 "000102" 的 "caster_wheel" 零组件，然后在 NX 中显示部件属性，结果如图 6 – 48 所示。

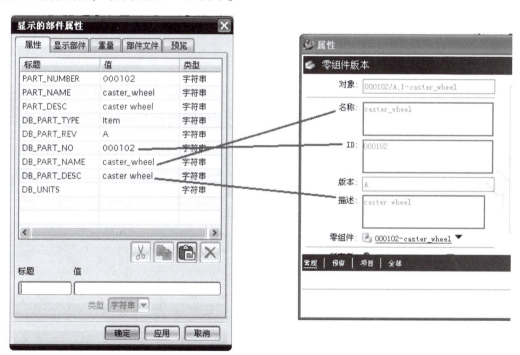

图 6 – 48　Teamcenter 与 NX 默认映射属性

默认映射属性的数量少，不能满足人们的使用需要。因此，本节讨论实现 Teamcenter 与 NX 的紧密集成模式，介绍如何导出 Teamcenter 映射文件，并将定制的属性添加到映射文件中。通过这种方式实现 Teamcenter 与 NX 文件内部数据的双向交换，满足 Teamcenter 与 NX 之间的个性化无缝集成需求。

2. 属性映射的步骤

（1）启动 Teamcenter 命令行窗口。

（2）使用命令 "export_attr_mappings" 将 Teamcenter 系统映射配置导出为一个文本文件，命令格式如下：

C：\ > export_attr_mappings – file = c：\ temp \ attribute. txt　– u = infodba – p = infodba –

g = dba

（3）编辑所导出的文件：添加、删除、修改。

（4）导入修改好的配置文件进行测试。

使用命令"import_attr_mappings"加上 – test 参数进行测试，命令格式如下：

C：\ > import_attr_mappings – file = c：\temp\attribute. txt　– u = infodba – p = infodba – } dba

（5）在 Teamcenter 中，设置环境变量 IMAN_USER_TEST_ATTR_MAPPINGS 的值为任意非零的值，这样系统会暂时屏蔽原来的匹配设置，而使用新导入的配置进行测试。

（6）测试成功后，使用命令"import_attr_mappings"正式导入映射文件（此时不要加 – test 参数）。

### 3. 属性映射配置

在本部分，将自定义的"ogpart"类型零组件的3个属性"Material""Weight""Supplier"映射到 NX 中。

本部分所用命令文件编写容易出错，读者可参考随书资源中"4 属性映射"文件夹内的相关文件。

操作步骤如下。

（1）打开 Teamcenter 命令行窗口。

选择"开始"→"所有程序"→"Teamcenter 12"→"tc12 _TCServer Command Prompt"选项。

（2）在命令行窗口中输入下面的命令，导出系统中现有属性映射配置文件：

export_attr_mappings　– u = infodba　– p = infodba　– g = dba　– file = d：\current mappings. txt

导出的文件位于 D 盘目录，文件名为"current_mappings. txt"。

（3）修改导出的文件。查找 UGMASTER，在其中添加以下内容，并保存：

```
{ Dataset type="UGMASTER"
    { Item type ="Item"

      PROJECT_ID      : IRM. project_id          /master=both /description="Project ID"
      REVISION_ID     : IRM. previous_version_id  /master=both /description="Revision ID"
      SERIAL_NUMBER   : IRM. serial_number        /master=both /description="Unit Number"
      COMMENTS        : IRM. item_comment         /master=both /description="Comments"
      USER_DATA_1     : IRM. user_data_1          /master=both /description="User Data 1"
      USER_DATA_2     : IRM. user_data_2          /master=both /description="User Data 2"
      USER_DATA_3     : IRM. user_data_3          /master=both /description="User Data 3"
    }
}
```

读者也可以参考本书提供的素材资源文件进行修改，位于"项目6 NX 集成配置与设计应用\素材资源（多个)\4 属性映射"目录，文件名为"current_mappings. txt"。

（4）在 Teamcenter 命令行窗口中输入下面的命令，以测试方式（加 – test 参数表示测试）导入新的 mapping 文件：

import_attr_mappings　– u = infodba　– p = infodba　– g = dba　– file = d：\current_mappings. txt　– test

（5）测试无误后，再次执行以下命令直接导入（去掉 – test 参数）：

import_attr_mappings　– u = infodba　– p = infodba　– g = dba　– file = d：\current_mappings. txt

（6）启动 NX 以集成模式运行，新建一个零组件，并输入属性。然后，在 Teamcenter 客户端查看是否已经输入属性值，如图 6 – 49 所示的"用户数据 1"。

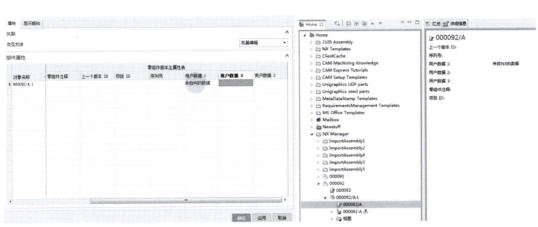

图 6 - 49    自定义属性映射测试

## 6.4    任务评价

项目 6 任务评价见表 6 - 3。

表 6 - 3    项目 6 任务评价

| 评价项目 | 分值 | 得分 | |
| --- | --- | --- | --- |
| | | 自评分 | 师评分 |
| 了解 Teamcenter Integration for NX 的主要功能 | 5 | | |
| 理解主模型的概念 | 10 | | |
| 熟悉 Teamcenter 中与 NX 相关的数据集 | 10 | | |
| 安装 Teamcenter Integration for NX 功能模块 | 10 | | |
| 能以集成模式启动 NX | 10 | | |
| 掌握在 NX 集成模式下创建与修改数据的方法 | 10 | | |
| 会使用 NX Manager 将装配导入 Teamcenter | 10 | | |
| 配置实现 NX 与 Teamcenter 的属性映射 | 10 | | |
| 定制一个 NX Manager 模板 | 10 | | |
| 学习认真，按时出勤 | 10 | | |
| 具有自主探究能力 | 5 | | |
| 总计得分 | | | |

项目 **7**　自定义查询

【知识目标】

- 熟悉查询构建器界面。
- 了解查询类型、显示设置、搜索准则等查询构建器的基础知识。

【技能目标】

- 在 Teamcenter 中执行查询。
- 查看搜索结果。
- 生成有关 Teamcenter 数据的报告。
- 使用查询构建器创建和修改查询。
- 使用查询构建器导入和导出查询定义。

【职业素养目标】

- 具有认真、细致的工作态度。
- 培养自主探究的工作精神。

## 7.1　项目描述

### 7.1.1　项目内容

在本项目中使用 Teamcenter 系统默认查询功能查找需要的产品数据，并使用 Teamcenter 查询构建器创建自定义查询。

### 7.1.2　项目实施步骤

本项目的主要实施步骤如下。

（1）使用 Teamcenter 系统默认查询功能查找产品数据。

分别使用快速查询、本地查询、简单/高级搜索视图查询、何处引用/使用查询等查找所需的产品数据。

（2）定制查询。

使用查询构建器创建以下自定义查询。

①查找系统默认数据对象：创建一个查询，可根据零组件主属性表或主属性表和值列表来查找对应的零组件和零组件版本。

②查找自定义的数据对象：创建一个查询，可根据自定义的表单属性和值列表来查找自定义的数据对象。

③引用查询：创建一个查询，可根据数据集名称查找引用该数据集的零组件版本。

## 7.2 知识准备

查询是在 Teamcenter 系统中根据数据的某一个或几个属性信息来查找对应数据的方法。Teamcenter 系统的一个非常重要的特征是能提供多种根据产品信息进行查询的方法。查询方式越强大和柔性，就越容易快速查询到所需要的数据。

### 7.2.1 Teamcenter 查询功能分类及界面位置

Teamcenter 查询主要分为快速查询、本地查询、简单/高级搜索视图查询、何处引用/使用查询。其在界面中的位置如图 7 - 1 所示。

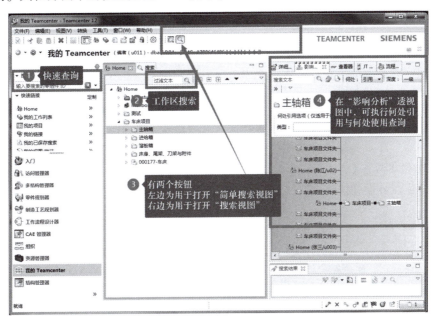

**图 7 - 1  Teamcenter 查询在界面中的位置**

Teamcenter 查询分类说明见表 7 - 1。

**表 7 - 1  Teamcenter 查询分类说明**

| 序号 | 名称 | 界面位置及功能说明 |
|---|---|---|
| 1 | 快速查询 | ▼ 搜索<br>输入要搜索的零组件 ID 🔍 ▼<br><br>位于导览窗格顶部和"入门"应用程序中的搜索框，可用于执行快速搜索并在快速打开结果对话框中显示结果 |

续表

| 序号 | 名称 | 界面位置及功能说明 |
|---|---|---|
| 2 | 本地查询 | 位于"Home"工作区，用于查询或筛选"Home"文件夹下放置的数据 |
| 3 | 简单/高级搜索视图查询 | 位于工具栏最右侧，有两个按钮。第1个按钮用于打开"简单搜索视图"，第2个按钮用于打开"搜索视图" |
| 4 | 何处引用/使用查询 | 位于"影响分析"透视图中，分为引用查询和使用查询 |

## 7.2.2　查询构建器基础知识

在 Teamcenter 中可以使用查询构建器定制企业所需的查询方式，它是通用搜索引擎，可以扩充，建立自己的查询方式。构建查询定义时需要了解 Teamcenter POM（永久对象管理器）schema，即对类、子类及属性的分层布置。

### 1. 查询构建器界面

查询构建器界面如图 7 - 2 所示。

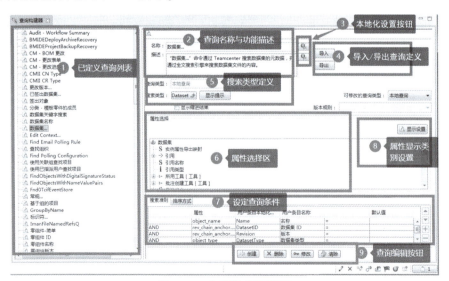

图 7 - 2　查询构建器界面

查询构建器界面说明见表 7 – 2。

**表 7 – 2　查询构建器界面说明**

| 序号 | 名称 | 界面位置及功能说明 |
|---|---|---|
| 1 | 已定义查询列表 | 显示所有已保存的查询 |
| 2 | 查询名称与功能描述 | 定义或修改查询的名称和功能描述。<br>如果在名称开头使用"__"创建查询，则该查询会对所有组隐藏并无法使用，除了"dba"组 |
| 3 | 本地化设置按钮 | 单击该按钮，可以添加对名称和功能描述信息的其他语言翻译，如增加中文名称与功能描述 |
| 4 | 导入/导出查询定义 | 可以从站点外导入一个查询定义，也可以将站点中的查询定义导出为 XML 文件。 |
| 5 | 搜索类型定义 | 显示业务类型选择对话框，其中会列出查询类型以供选择 |
| 6 | 属性选择区 | 根据选择的显示设置，显示所选择类型的属性以及所有继承的类型或仅类型的直接属性 |
| 7 | 设定查询条件 | 使用属性、用户条目关键字、运算符和默认值定义搜索准则子句。可以针对多搜索准则子句处理添加布尔运算符 |
| 8 | 属性显示类别设置 | （1）选择仅显示类型中定义的属性，还是所有属性（包括继承的属性）；<br>（2）选择展示显示名还是属性在数据库中的真实名称 |
| 9 | 查询编辑按钮 | 包含"创建""删除""修改"和"清除"（将所选查询的定义清空）按钮 |

**2. 使用查询构建器的基础知识**

1）学习建议

构建查询定义时需要了解 Teamcenter POM（永久对象管理器）schema，即对类、子类及属性的分层布置，因此建议读者在学习完 BMIDE 后再学习本节内容，同时，可以在 BMIDE 中打开业务对象以熟悉更多对象属性。

另一个推荐方式是在查询构建器中选择系统预定义的查询，在搜索准则列表中学习系统如何定义相关对象的搜索准则。

2）查询类型

查询类型即查询最终返回业务对象的类型，如要查找数据集，其类型为 DataSet，查询零组件其类型为 Item，查询零组件版本其类型为 ItemRevision（图 7 – 3）。查询类型的选择还会直接影响属性列中的属性，因为每个查询类型都会对应各自的属性。

图 7 - 3　单击相关按钮选择要查询的业务对象类型

3）显示设置

显示设置包含两项（图 7 - 4）。

属性设置建议选择"所有属性"，这将显示对象自身及继承的所有属性。

名称建议选择"显示名称"，即在 BMIDE 中定义业务对象时的"显示名称"，相比"真实名称"，"显示名称"更有可读性，支持多国语言。"真实名称"不包含空格，都是语义不强的英文和数字。

4）搜索准则

进行搜索时，Teamcenter 可以检查在每个搜索子句中指定的属性，并查找与搜索匹配的值（图 7 - 5）。

图 7 - 4　显示设置

| | 属性 | 用户条目本地化关键字 | 用户条目名称 | | 默认值 |
|---|---|---|---|---|---|
| | object_name | Name | 名称 | = | |
| AND | object_desc | Description | 描述 | = | |
| AND | object_type | Type | 类型 | = | |
| AND | owning_user.user_id | OwningUser | 所有权用户 | = | $USERID |
| AND | owning_group.name | OwningGroup | 所有权组 | = | $GROUP |

图 7 - 5　搜索准则

（1）用户条目本地化关键字与用户条目名称。

用户条目本地化关键字可以理解为业务对象属性在 BMIDE 中的"显示名称"，一般为英文；用户条目名称可以理解为对本地化关键字的语言翻译，如果不指定，默认显示为英文的属性名称。

（2）逻辑运算。

Teamcenter 支持 =（等于）、! =（不等于）、>（大于）、>=（大于等于）、<（小于）、<=（小于等于）等逻辑运算符。

IS_NULL，表示引用属性值必须为空（未设置）。

IS_NOT_NUL，表示引用属性必须包含值。

（3）默认值。

可以指定查询子句的默认值。默认值可以作为文本字符串进行输入，或从关联的适当值列表进行选择。设置默认值以后，按 Enter 键可以保存默认值。

以下关键字变量可用于显示查询表单中的默认值。

（4）$USERID，对应当前用户 ID。

（5）$USERNAME，对应当前用户名称。

（6）$GROUP，对应当前用户所在的组。

（7）$TODAY，对应当前日期。

5）类属性选择

类属性可以在搜索类（即要查找业务对象所属类）、父类、引用类、引用者类等中找到。

## 7.3 项目实施

使用查询功能
查找数据

### 7.3.1 使用查询功能查找数据

#### 1. 快速查询

快速查询位于导览窗格顶部和"入门"应用程序中的搜索框，可用于执行快速搜索并在快速打开结果对话框中显示结果。

快速查询基于一个准则，如"零组件 ID""关键字搜索""零组件名称"或者"数据集名称"，可从菜中选择。还可以选择"高级"选项以显示查询视图。快速查询无法将快速搜索结果保存到已保存搜索列表。

快速查询准则见表 7－3。

表 7－3　快速查询准则

| 序号 | 准则 | 说明 |
|---|---|---|
| 1 | 零组件 ID | 输入零组件 ID 即可在 Teamcenter 数据库中搜索零组件 ID 属性 |
| 2 | 关键字搜索 | 输入关键字即可在已建索引的类中搜索属性以及对已建索引的类内容进行搜索 |
| 3 | 零组件名称 | 输入零组件名称即可在 Teamcenter 数据库中搜索全部零组件名称属性 |
| 4 | 数据集名称 | 输入一个数据集名称即可在 Teamcenter 数据库中搜索所有数据集名称属性 |

执行快速查询的操作步骤如下。

（1）单击"快速查询"搜索框旁边的三角形按钮（图7-6）。

（2）在下拉菜单中选择"零组件名称"选项（图7-6）。

（3）在"快速查询"框中输入"车床"，然后按 Enter 键（图7-7）。

（4）系统找到名称为"车床"的零组件（图7-7）。

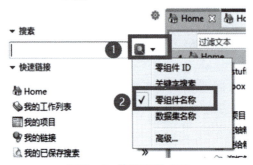

图7-6　快速查询（1）

图7-7　快速查询（2）

### 2. 本地查询

本地查询位于"Home"工作区，基于查询关键字筛选"Home"文件夹下的文件夹。执行本地查询的操作步骤如下。

（1）在"过滤文本"框中输入关键字（如"主轴"）[图7-8（a）]。

（2）系统会立即过滤出"Home"文件夹下包含该关键字的文件夹 [ 图7-8（b）]。

（a）　　　　　　　　　　　　（b）

图7-8　本地查询

（a）输入搜索关键字前的"Home"文件夹；（b）输入"主轴"关键字后 Home 中只显示名称包含"主轴"的文件夹

### 3. 简单/高级搜索视图查询

1）简单搜索视图查询

简单视图查询基于业务对象属性的值进行搜索，搜索结果显示在搜索结果视图中。

　　胖客户端简单视图查询可以根据一个或多个属性值搜索业务对象。先选择对象类型，然后选择属性并指定准则来构建查询。

　　其中，搜索类型可以为零组件、零组件版本和数据集，属性值的匹配准则可为等于、不等于、包含、空和不为空等。

　　执行简单视图查询的操作步骤如下（图7–9）。

　　（1）单击"打开简单搜索视图"按钮。

　　（2）在弹出的"简单搜索"视图中，做如下设置。

　　①"业务对象类型"选择"零组件版本"。

　　②"选择属性"选择"名称"。

　　③"编辑子句"部分按如下设置。

　　"运算符"选择"Contain"。

　　"值"输入"滑移"。

　　（3）单击"搜索"按钮

　　综上，选择的搜索类型为零组件，属性为名称，匹配准则为包含，即查找名称包含"滑移"二字的零组件，通过搜索，找到3个滑移齿轮。

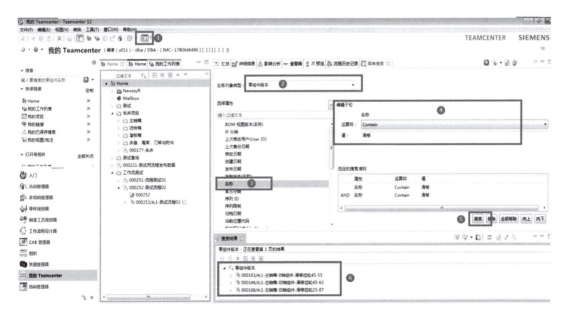

**图7–9　使用简单搜索视图查询**

　　2）高级搜索视图查询

　　"搜索"视图用于访问搜索功能以及一系列预定义的搜索准则，它包含一个标准选项卡、一个带有各种选项及菜单的工具条、一个标题以及一个准则区域。

　　常见的搜索准则有"常规…""零组件…""零组件版本"等。

　　执行高级搜索视图查询的操作步骤如下。

　　（1）单击"打开搜索视图"按钮（图7–10）。

　　（2）在弹出的"搜索"视图中单击"选择搜索"按钮（图7–10）。

图 7 – 10　打开"搜索"视图查询

（3）在弹出的"更改搜索"对话框中，选择"零组件"选项，单击"确定"按钮（图 7 – 11）。

图 7 – 11　更改搜索规则

（4）在"名称"框中输入"＊主轴箱＊"，然后按 Enter 键（图 7 – 12）。

（5）搜索到名称中包含"主轴箱"的零组件，如图 7 – 12 所示。

## 4. 何处引用/使用查询

1）何处引用查询

使用何处引用查询可以找到哪些对象引用了选定的对象。一般在删除数据对象（如文件夹、数据集等）时，需要将其被其他对象的引用关系先删除（使用剪切）。执行引用查询的操作步骤如下（图 7 – 13）。

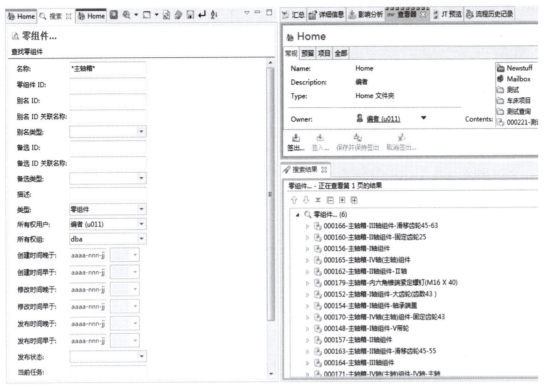

图 7 – 12　使用高级搜索视图查询

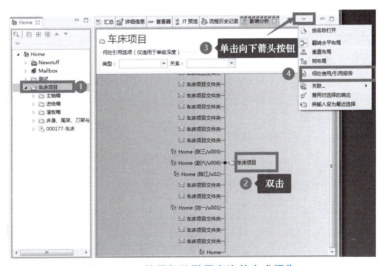

图 7 – 13　使用何处引用查询并生成报告

（1）在"Home"文件夹中选择一个对象。这里选择"车床项目"文件夹。

（2）切换到"影响分析"透视图，选定对象将出现在"影响分析"透视图中。

（3）从视图左上方的"何处引用选项"列表中选择引用。

（4）从深度选项列表中选择一个尝试级别。

①一级：只显示此对象的直系父组件。选择此级别时，也可以使用相应的选项来设置

类型及关系过滤器。

②所有级：报告此对象的所有父组件（一直到顶级目录）。

③顶级：只报告顶级组件。

（5）在透视图窗格中双击该对象以激活查询。

（6）选择一个报告生成选项。

①生成 HTML／文本报告。

②在"打印"对话框中以 HTML 格式显示何处引用结果。可在此对话框中设置报告的格式，并打印报告或将其保存到文件中。

③生成结构报告。在"报告"对话框中以树形式显示何处引用结果。

（7）单击"是"按钮，生成的何处引用报告如图 7 – 14 所示。

图 7 – 14　生成的何处引用报告

2）何处使用查询

使用何处使用查询可以找到包含选定零组件或零组件版本的所有装配，可通过执行此操作来评估工程更改对产品结构的影响，或者查看一个装配中的更改是否影响其他装配。

执行何处使用查询的操作步骤如下（图 7 – 15）。

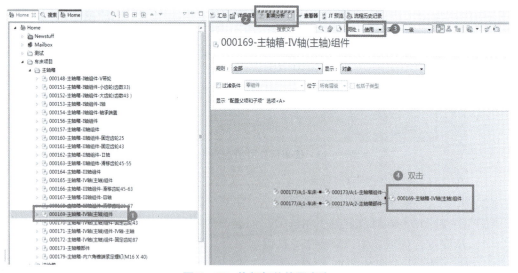

图 7 – 15　执行何处使用查询

（1）在"Home"文件夹下，展开"车床项目"下的"主轴箱"文件夹。

（2）选择"000168 主轴箱 – Ⅳ轴（主轴）组件"对象。

（3）在右侧切换到"影响分析"透视图。

（4）"何处"选择"使用"。

（5）双击下方的"000168 主轴箱 – Ⅳ轴（主轴）组件"。

（6）结果如图 7 – 15 所示。

从图 7 – 15 可以看出，"000168 主轴箱 – Ⅳ轴（主轴）组件"被 000173 引用。

### 7.3.2　自定义查询

#### 1. 为系统对象定制查询

为系统对象
定制查询

基于零组件主属性表或零组件版本主属性表和值列表创建查询来查找零组件及其版本的操作经常用到。下面给出一个定制查询需求。

创建一个查询，用于查找零组件版本，在该查询中用到以下查询条件。

（1）零组件 ID。

（2）所有者用户 ID，默认为用户自己的 ID。

（3）项目 ID。

（4）用户数据 2。

（5）上次修改用户 ID。

在本实验操作过程中，需要输入 Teamcenter 系统特定的业务对象类型、属性名等，为减少输入错误，用户可参考随书资源中的"查询定制实验指导"相关文件。

操作者：系统管理员。

操作步骤如下。

（1）以系统管理员身份登录 Teamcenter，打开"查询构建器"应用程序。

（2）设置"名称""描述"（可选），其中查询名称不能重复（图 7 – 16）。

名称：custom01_FindItemRevisionByProperty

描述：根据零组件版本属性、零组件版本主属性表单的属性值查找零组件版本。

图 7 – 16　指定查询名称

①名称：custom01_FindItemRevisionByProperty。

②描述：根据零组件版本属性、零组件版本主属性表单的属性值查找零组件版本。

（3）单击"搜索类型"按钮，弹出"属性选择"对话框，搜索类型定位到"ItemRevision"（图 7 – 17）。

（4）单击"显示设置"按钮，单击"所有属性"和"显示名称"单选按钮（图 7 – 18）。

（5）添加零组件 ID。

①在"属性选择"对话框中，找到"零组件［零组件］"（图 7 – 19）。

②双击"零组件［零组件］"（图 7 – 19）。

③在弹出的对话框中，找到"［Item］"，单击"确定"按钮（图 7 – 19）。

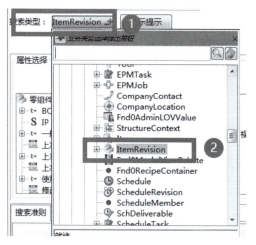

图 7-17　指定搜索类型

图 7-18　显示设置

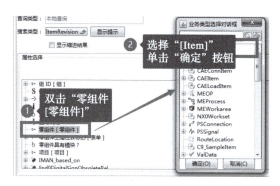

图 7-19　指定零组件类型

④展开"零组件 [零组件]"，双击"ID"，属性将自动加入搜索准则（图 7-20）。

⑤将"用户条目本地化关键字"修改为"零组件 ID"（图 7-21）。

（6）添加所有者用户 ID。

①在"属性选择"对话框中，找到"所有者 [用户]"，双击展开"所有者 [用户]"的属性信息（图 7-22）。

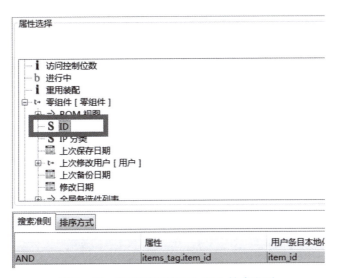

图 7 – 20　将"零组件 ID"加入搜索准则

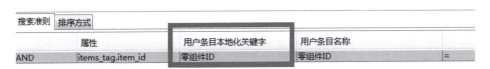

图 7 – 21　修改"用户条目本地化关键字"

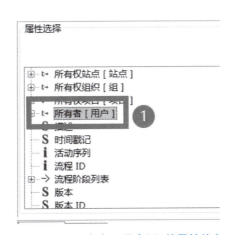

图 7 – 22　"所有者［用户］"的属性信息

②向下滚动滚动条，找到"User ID"，双击"User ID"，属性将自动加入搜索准则（图 7 – 23）。

③将"用户条目本地化关键字"修改为"所有者用户 ID"，默认值设置为"＄USE-RID"（图 7 – 23）。

（7）用与步骤（6）相同的方法，添加"上次修改用户 ID"到搜索准则（图 7 – 24）。

（8）用与步骤（6）相同的方法，添加"项目 ID"到搜索准则（图 7 – 25）。

图 7 – 23　将"User ID"加入搜索准则并本地化

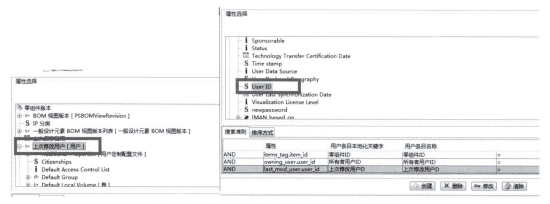

图 7 – 24　将"上次修改用户 ID"加入搜索准则

图 7 – 25　将"项目 ID"加入搜索准则

（9）将零组件版本主属性表中的"用户数据2"添加到搜索准则。

①在"属性选择"对话框中，找到"零组件版本主属性表"（图7－26）。

②双击"零组件版本主属性表"（图7－26）。

③在弹出的对话框中，输入"itemversionmaster"，单击"搜索"按钮（图7－26）。

④找到"ItemVersionMaster"，单击"确定"按钮（图7－26）。

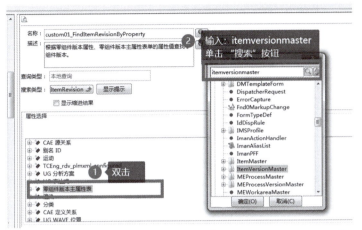

**图7－26　找到零组件主属性表的存储类型"ItemVersionMaster"**

⑤展开"零组件版本主属性表［ItemVersionMaster］"，找到"用户数据2"，双击将其添加到搜索准则（图7－27）。

**图7－27　将"用户数据2"加入搜索准则**

（10）完成上述设置后，单击"创建"按钮，完成自定义查询定制。

（11）测试定制的查询。

（12）在"我的 Teamcenter"→"Home"文件夹下新建一个零组件，并在零组件版本主属性表中输入"用户数据2"的测试值（图7-28）。

**图 7-28　创建用于测试的零组件**

（13）单击"打开搜索视图"按钮，选择刚才定制的查询（图7-29）。

**图 7-29　选择定制的查询**

（14）在"搜索"透视图中输入查询条件，单击"搜索"按钮，即可在搜索结果中找到刚才新建的零组件（图7-30）。

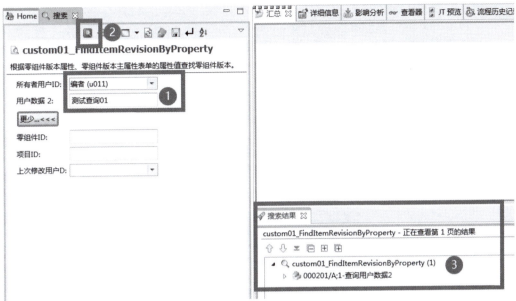

图7-30  查询结果

### 2. 为扩展的业务对象定制查询

创建一个查询，查找 ValveItem（阀门）零组件，在该查询中用到以下查询条件（表7-4）。

表7-4  阀门零组件查询的属性

| 属性名 | 依附对象 |
| --- | --- |
| 阀门类型 | 零组件主属性表 |
| 适用介质 | 零组件 |
| 连接形式 | 零组件 |

为扩展的业务
对象定制查询

操作者：系统管理员。

操作步骤如下。

（1）以系统管理员身份登录 Teamcenter，打开"查询构建器"应用程序。

（2）设置"名称""描述"（可选），其中查询名称不能重复（图7-31）。

①名称：custom02_FindValveByProperty。

②描述：根据阀门零组件属性、阀门零组件主属性表单的属性值查找阀门零组件。

图7-31  查询名称和描述

（3）单击"搜索类型"按钮，弹出"属性选择"对话框，搜索类型定位到"C9_ValveItem"类（图 7 – 32）。

①单击"搜索类型"按钮。

②在弹出的下拉列表中输入"＊valveitem"。

③单击"搜索"按钮。

④双击搜索到的"C9_ValveItem"。

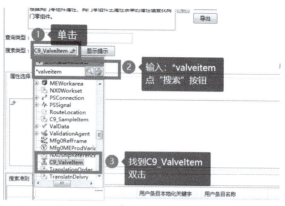

**图 7 – 32　指定搜索类型**

（4）单击"显示设置"按钮，单击"所有属性"和"显示名称"单选按钮。

（5）添加"适用介质""连接形式"属性（图 7 – 33）。

①在"属性选择"对话框中，找到"适用介质"。

②双击"适用介质"，将其添加到搜索准则。

③用同样的方法将"连接形式"添加到搜索准则。

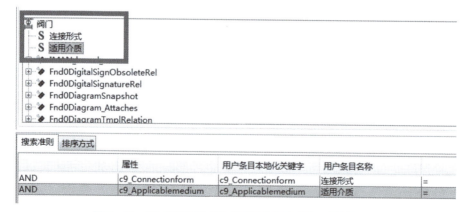

**图 7 – 33　将"连接形式""适用介质"添加到搜索准则**

（6）将阀门零组件主属性表单中的"阀门类型"添加到搜索准则（图 7 – 34）。

①在"属性选择"对话框中，找到"零组件主属性表"。

②双击"零组件主属性表"。

③在弹出的对话框中，输入"C9_ValveItemMasters"，单击"搜索"按钮。

④找到"C9_ValveItemMasters"，单击"确定"按钮。

图 7-34　找到零组件主属性表的存储类型

　　用户如果不确定名称，可以进入 BMIDE，找到阀门零组件，在"主"选项卡中，可以看到其表单对象的名称（图 7-35）。

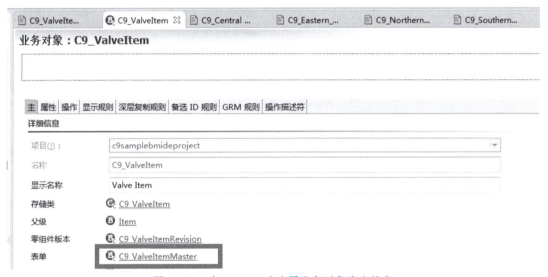

图 7-35　在 BMIDE 中查看业务对象定义信息

　　⑤展开"零组件主属性表［Valve Item Master Storage］"，找到"Valve_type"，双击将其添加到搜索准则（图 7-36）。

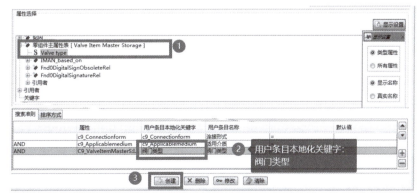

图 7-36　找到自定义属性

（7）完成上述设置后，单击"创建"按钮，完成自定义查询定制。

（8）测试定制的查询。

（9）在"我的 Teamcenter"→"Home"文件夹下新建一个阀门零组件，并在阀门零组件主属性表中输入 Valve_type 的测试值（图 7-37）。

图 7-37　创建测试对象

（10）单击"打开搜索视图"按钮，选择刚才定制的查询。

（11）在"搜索"视图，输入查询条件，单击"搜索"按钮，即可在搜索结果中找到刚才新建的零组件（图 7-38）。

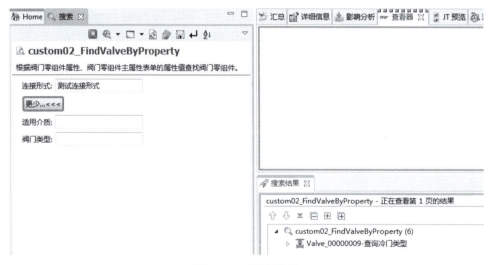

图 7-38　搜索结果

### 3. 基于引用关系定制查询

输入数据集名称，查找引用数据集的零组件版本。

已知：数据集名称。

查询：零组件版本。

基于引用关系
定制查询

关系：规格（有主次）。

需求：查询一个零组件版本，它通过某种关系引用了名称为"×××"的数据集。这是一种正向查询。查询结果引用查询条件，即通过引用关系查询。

操作者：系统管理员。

操作步骤如下。

（1）以系统管理员身份登录 Teamcenter，打开"查询构建器"应用程序。

（2）设置"名称""描述"（可选），其中查询名称不能重复（图 7-39）。

①名称：custom03_FindItemRevisionByDataSet。

②描述：根据数据集名称，查找引用数据集的零组件版本。

名称：custom03_FindItemRevisionByDataSet

描述：根据数据集名称，查找引用数据集的零组件版本。

**图 7-39　指定名称和描述**

（3）单击"搜索类型"按钮，弹出"属性选择"对话框，搜索类型定位到"ItemRevison"。

（4）单击"显示设置"按钮，单击"所有属性"和"显示名称"单选按钮。

（5）在"属性选择"对话框中选择"规范"节点，出现"业务类型选择对话框"（图 7-40）。

（6）在"业务类型选择"对话框中，输入"dataset"，并单击"搜索"按钮，系统会自动定位到"dataset"对象，选择"dataset"对象，然后单击"确定"按钮关闭"业务类型选择对话框"，回到查询定义主窗体（图 7-40）。

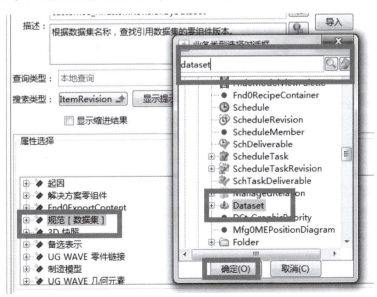

**图 7-40　指定对象类型**

（7）展开"规范［数据集］"，在其下选择"名称"并双击（图 7-41）。

（8）该属性显示在搜索准则列表中。请注意，属性的显示名称是"Dataset：IMAN_

specification. object_name"（图 7 – 41）。

（9）单击"创建"按钮（图 7 – 41）。

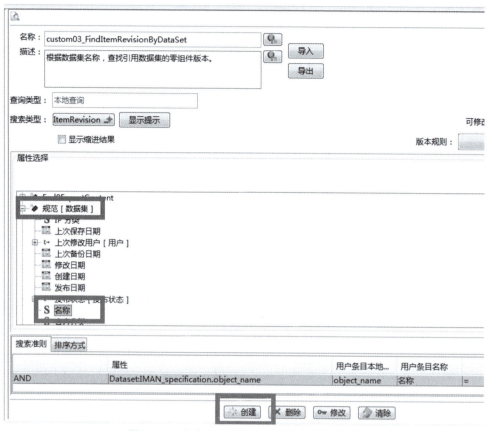

图 7 – 41　将数据集名称属性添加到搜索准则

（10）测试。

可以新建一个零组件，并在 ItemRevisionA 下新建一个"Text"类型的数据集，其与零组件版本为"规范"关系（图 7 – 42）。

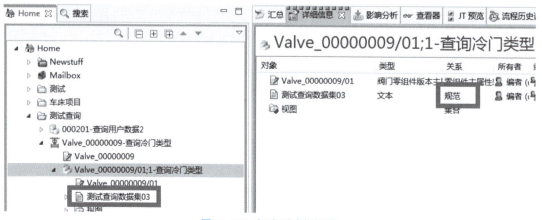

图 7 – 42　新建测试数据集

　　然后，使用定制的查询"custom03_FindItemRevisionByDataSet"，输入数据集名称进行测试。搜索结果如图 7－43 所示。

图 7－43　搜索结果

　　本项目完成后，已将所定制的 3 个查询导出，见随书资源，分别为"custom01_FindItemRevisionByProperty. xml""custom02_FindValveByProperty. xml""custom03_FindItemRevisionByDataSet. xml"文件。读者可以使用"查询构建器"导入相关文件以供参考。

## 7.4　任务评价

　　项目 7 任务评价见表 7－4。

表 7－4　项目 7 任务评价

| 评价项目 | 分值 | 得分 | |
|---|---|---|---|
| | | 自评分 | 师评分 |
| 熟悉查询构建器界面 | 10 | | |
| 了解查询类型、显示设置、搜索准则等查询构建器的基础知识 | 5 | | |
| 在 Teamcenter 中执行查询 | 10 | | |
| 查看搜索结果 | 10 | | |
| 生成有关 Teamcenter 数据的报告 | 10 | | |
| 使用查询构建器修改现有查询 | 15 | | |
| 使用查询构建器创建新的查询 | 15 | | |
| 使用查询构建器导入和导出查询定义 | 10 | | |
| 学习认真，按时出勤 | 10 | | |
| 具有自主探究能力 | 5 | | |
| 总计得分 | | | |

### 7.5 任务检测

（1）查询的概念是什么？

（2）Teamcenter 查询功能如何分类？

（3）在 Teamcenter 中查找所有数据时如何使用查询？有哪些关键字？

（4）在 Teamcenter 中查询产品（零组件）对象有何功能？有哪些关键字？

（5）在 Teamcenter 中查询数据对象（文档）有何功能？有哪些关键字？

（6）在 Teamcenter 中查询数据关联（引用）有何功能？有哪些关键字？

（7）解释何处引用查询的含义，并简述其操作步骤。

（8）解释何处使用查询的含义，并简述其操作步骤。

（9）创建一个查询，用于查找零组件版本，在该查询中用到以下查询条件。

①零组件 ID。

②所有者用户 ID，默认为用户自己的 ID。

③项目 ID。

④用户数据 2。

⑤上次修改用户 ID。

简述操作步骤。

## 项目 8　产品结构与配置管理

- 了解产品结构管理、产品配置管理的概念。
- 了解三类产品配置规则。
- 熟悉 Teamcenter 结构管理器界面。
- 熟悉 Teamcenter 中与产品结构相关的数据对象。

- 创建产品结构。
- 在产品结构中查找组件。
- 修改产品结构。
- 将替换、备选或替代组件添加至产品结构。
- 打包和解包结构行。
- 比较产品结构。
- 克隆产品结构。
- 区分精确和非精确结构。
- 更改产品结构的版本规则并查看结果。
- 使用版本有效性来控制某一零组件的各个版本何时生效。
- 使用变量配置产品结构。

- 具有认真、细致的工作态度。
- 培养自主探究的工作精神。

## 8.1　项目描述

### 8.1.1　项目内容

在本项目中，使用 Teamcenter 结构管理器创建某车床的产品结构（Product Structure），并创建主轴箱的详细结构树，之后使用版本规则、变量规则和有效性规则配置产品结构。

某车床主轴箱传动系统图如图 8 - 1 所示。某车床主轴箱三维装配效果图如图 8 - 2 所示。某车床主轴箱的装配结构如图 8 - 3 所示。

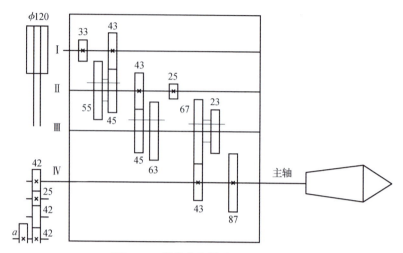

图 8 - 1　某车床主轴箱传动系统图

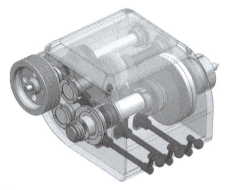

图 8 - 2　某车床主轴箱三维装配效果图（箱体、箱盖显示为透明色）

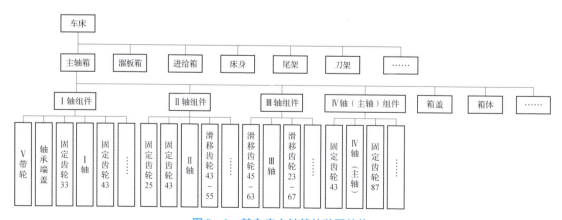

图 8 - 3　某车床主轴箱的装配结构

### 8.1.2 项目实施步骤

本项目的主要实施步骤如下。

（1）在 Teamcenter 中建立车床产品结构，形成产品结构树，并创建主轴箱的详细结构树。

（2）在 Teamcenter 中配置产品结构。分别按产品版本规则、产品变量规则和有效性规则配置产品结构。

下面将上述每个步骤安排为一个任务实施。

## 8.2 知识准备

制造企业是以物料清单为主线组织产品开发设计与生产的，产品结构配置是实现客户个性化需求的有效手段之一，产品在全生命周期内一般都会进行一系列设计更改，因此每一个产品都有可能有多种配置。

Teamcenter 提供的结构管理器允许企业有效地管理产品全生命周期中的物料清单变化历史和不同阶段的有效性，构建包含产品族零组件综合信息的全配置物料清单，加载相应的配置变量值定制满足客户需求的产品结构树，然后基于产品结构树派生出满足客户需求的产品物料清单。

Teamcenter 结构管理器是重要功能模块，可以使用它创建、查看和修改产品结构，也可以用它管理在 CAD 程序（如 NX）中创建的产品结构。

### 8.2.1 产品结构管理

产品结构用来反映一个产品由哪些零组件构成以及这些零组件之间具有何种构成关系，即一个产品由若干组件和零件构成，组件又由若干零件构成。

通常用产品结构树描述产品结构。它是将产品按照组件进行分解，组件再进一步分解成子组件和零件，直到零件为止，由此形成分层树状结构。产品结构树可以方便地描述产品结构的层次关系，表示与产品组成部分相关联的数据信息。产品结构树根节点表示产品，叶节点表示零件，中间节点表示组件，节点间的层次关系描述了产品的组成。这种分层结构树、节点以及不同的属性可以构造不同的物料清单，如设计物料清单（EBOM）、工艺物料清单（PBOM）和制造物料清单（MBOM）。

汽车前面板部件的产品结构树如图 8-4 所示。

产品结构管理的主要功能是提供对单一、具体产品所包含的零组件的基本属性的管理，并维护它们之间的层次关系。Teamcenter 提供给用户的产品结构管理功能主要包括以下几个方面。

（1）产品 BOM 的创建与修改。

（2）产品 BOM 的版本控制。

（3）支持对"零件和/或子组件被哪些部件采用"和"组件采用了哪些零件或子组件"的查询。

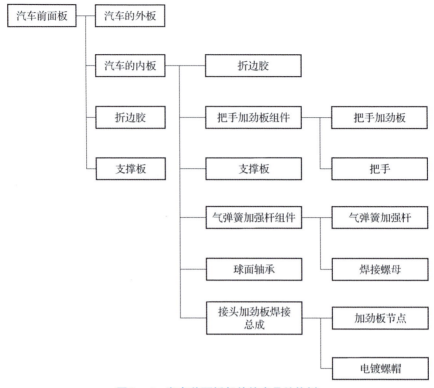

**图 8 − 4　汽车前面板部件的产品结构树**

（4）支持对产品文档的查询。

## 8.2.2　产品配置管理

### 1. 产品配置管理的概念

产品结构管理主要关注产品结构的创建、修改，纯粹的产品结构管理只能支持单一形式的物料清单和简单的版本管理，这并不能满足企业复杂产品信息管理的需求。

物料清单作为企业进行设计、生产、管理的核心，不同的部门要求不同的形式和内容。例如，生产部门更多关注有关自制件情况的 MBOM，财务部门更关心的是反映零组件成本核算情况的 CBOM，而设计部门作为产生物料清单的部门，应提供涵盖以上各方面信息的最为全面的 EBOM。

EBOM 信息与其他物料清单信息的关系相当于集合概念中的全集与子集的关系。另外，针对产品设计中同一产品的不同批次及同一批次中的不同阶段（如设计、制造与组装等），都需要有不同的物料清单描述。

为了满足上述要求，必须将产品结构中的零组件按照一定的条件进行重新编排，得到该条件下的特定的产品结构，称为配置，而其中的条件称为配置条件。用各种不同的配置条件形成产品结构的不同配置，称为产品配置管理。

产品配置管理实质就是广义的物料清单表管理。PLM 系统能够生成物料清单，并且能够依据用户指定的规则对产品结构进行配置。

产品生命周期各阶段的物料清单数据如图 8 − 5 所示。

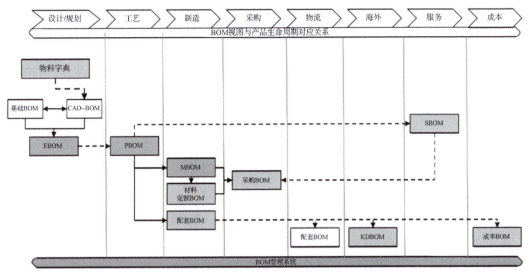

**图 8 - 5　产品生命周期各阶段的物料清单数据**

**2. 产品配置管理规则**

产品配置管理通过建立产品配置规则实现对产品结构变化的控制和管理，产品配置规则分为三类：变量配置规则、版本配置规则与有效性配置规则。

1）变量配置规则

当物料清单结构中零组件的某个属性具有多个可选项时，可以将该属性视为变量，按照该变量取值的不同来确定具体的物料清单结构，称为变量配置。变量配置中的属性变量可以是字符型、数字型及日期型的数据。配置条件按照逻辑运算法则确定，可以是"="""<"">""and""or"等。

2）版本配置规则

物料清单结构中的各个零组件通常有多个不同的零组件版本，各零组件版本在生产过程中具有不同的状态——工作状态、提交状态、发放状态和冻结状态，对应的称为工作版本、提交版本、发放版本和冻结版本。其中工作版本是处于设计阶段的版本；提交版本是指设计已经完成，需要进行审批的版本；发放版本是指提交版本通过所有的校对和审核后，经批准后的版本；冻结版本是设计达到了某种要求，在一段时间内保持不变的版本。

按照版本和版本状态的不同取值来确定的物料清单具体结构，称为按版本和版本状态配置。按照版本所处的状态可以形成不同的配置。其中，按照已发布的最新版本进行配置和按照已发放的所有版本进行配置是应用较多的配置方法。

3）有效性配置规则

物料清单结构的零组件各个版本的生效时间、有效时间可能有所不同，有时物料清单结构树的不同层次上分别有一个零组件的不同版本或者零组件的同一版本分布在物料清单结构树的不同层次上，由此形成了不同的配置情况，此时，需要按照有效性进行配置。有效性可以是版本有效时间配置项、修改序号的有效时间配置项、零组件的有效个数等。按照有效性取值来确定的物料清单结构的配置，称为有效性配置。配置项的数据类型可以是字符型、数字型或它们的组合。

运用上述配置规则，可以进行单一产品配置及系列化产品配置。

　　单一产品配置管理是指对非系列化产品的单一产品涉及的不同版本的零组件、结构可选件、互换件、替换件，按照配置的思想进行的有效管理，属于产品配置管理中较简单的一种情况。

　　替换件与互换件虽然都属于更换的范畴，但在应用范围上还是有区别的。替换件仅适用于某种产品范围之内，超出了该范围即无效。互换件则可以超出某个产品的具体范围，可以用于多种不同的产品，例如标准件就属于互换件的范畴。

### 8.2.3　Teamcenter 结构管理器界面

　　单击 Teamcenter 的"组织"应用程序按钮 【结构管理器】就可以进入结构管理器功能模块。Teamcenter 结构管理器的界面如图 8-6 所示，其说明见表 8-1。

　　Teamcenter 结构管理器界面大体分为左、右两个区域，其中左边为结构导航树，右边为数据窗格。

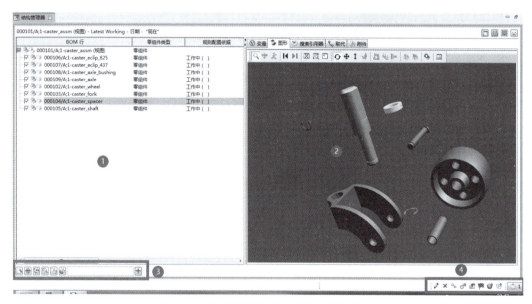

图 8-6　Teamcenter 结构管理器的界面

表 8-1　Teamcenter 结构管理器界面说明

| 图示区域 | 名称 | 说明 |
| --- | --- | --- |
| 1 | 结构导航树 | 允许导航产品结构，从而展开或折叠节点以查看相应的数据。结构导航树中的图像表示每个节点的用途。标识符右侧的属性列可以根据用户的需要定制 |
| 2 | 数据窗格 | 允许查看有关选定行的数据。要显示其他数据窗格，可单击切换到其他选项卡 |
| 3 | 搜索区域 | 允许搜索结构并为其配置常用数据 |
| 4 | 状态符号 | 显示选定行的当前状态 |

### 8.2.4　Teamcenter 中与产品结构相关的数据对象及其概念

#### 1. Teamcenter 存储产品结构的数据对象

1) BOM 视图版本（BOM View Revision）

BOM 视图版本是 Teamcenter 中一种具体定义零组件版本（装配版本）信息的数据对象，它存放了零组件版本的装配结构。BOM 视图版本必须依附于零组件版本，否则无使用意义。零组件版本下有 BOM 视图版本，则表示这个零组件是一个装配件。可以使用 Teamcenter 结构管理器创建、打开、编辑、配置和保存 BOM 视图版本。新建 BOM 视图版本操作如图 8 – 7 所示。

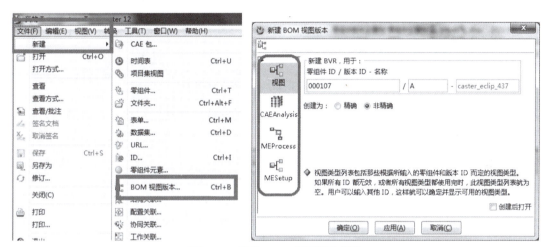

图 8 – 7　新建 BOM 视图版本操作

2) 产品结构多视图（Multiple View）

Teamcenter 支持产品结构多视图管理。不同的用户经常需要以不同的方式查看产品结构。如设计可能需要按照子系统的组织方式查看装配结构，制造需要结构能反映装配的工艺顺序，以更好地将其传递到 ERP 系统。针对上述不同用途（如设计、制造）存在不同的产品零组件明细表的构建形式，Teamcenter 定义了不同类型的产品结构多视图来分别表示。

Teamcenter 默认提供了 4 种类型的 BOM 视图版本，如图 8 – 7 所示。视图用于表示设计 BOM，MEProcess 可用于表示制造 BOM。零组件版本下每一种类型的 BOM 视图版本只能存在一个。如果某零组件版本下面已经存在 4 个不同类型的 BOM 视图版本，则没有 BOM 视图版本类型可用，用户不能再新建 BOM 视图版本，执行新建操作就会报错（图 8 – 8）。

#### 2. 精确与非精确装配

在 Teamcenter 中可以创建两种装配或 BOM 视图版本，即精确与非精确。

1) 非精确装配

非精确装配是动态结构，包含其零组件（事例）的链接，而不包含零组件版本的链接。非精确装配允许工程师查看只用那些他们想查看的零组件版本类型配置的产品结构，例如用于产品发布的版本，或者只包括每个零组件的最新工作版本的版本。每个用户都查

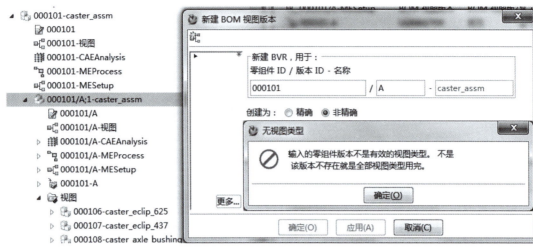

图 8－8　无可用 BOM 视图版本类型错误

看同一个底层产品结构，但可配置视图来满足特定的需要。当任何用户发布零组件、创建新零组件或进行影响视图的任何其他行为时，将自动配置非精确产品结构。因此，用户无须复制产品结构，也无须每次对产品结构进行手动更新。

2）精确装配

精确装配是特定零组件版本的固定结构。精确装配包含其零组件版本（事例）的链接，不包含零组件的链接。当用户将这些零组件中的任一零组件修改为新的版本时，装配必须通过移除零组件的旧版本并添加新版本而手动更新。

### 3. Teamcenter 中用于表达装配关系和属性的术语

（1）事例（Occurrence）。在 Teamcenter 中当添加一个零组件版本到一个装配时，就是创建一个零组件版本到上级装配的一个装配关系（事例），事例保存在 BOM 视图版本中。

（2）BOM 行（BOM Line）。一个装配关系在结构管理器的结构导航树中显示为一行，即 BOM 行。

（3）度量单位。度量单位是零组件的一个属性。在结构管理器中，可以为零组件项的度量单位指定数量事例属性的值（如对汽油零组件指定 1.5 L）。此外，还可以将度量单位指定为"每"（each），即一个数值。在这种情况下，必须将该值指定为整数（如 500）。

（4）装配数量（Quantity）。只有具有度量单位的零组件版本数量才可以是小数。

（5）属性和注释（Note）。属性和注释中可以包含 CAD 模型不好表达的零组件的信息。除了默认属性和定制属性，系统管理员还可以创建定制注释类型。

产品结构中行的属性可能包括：装配中零组件的查找编号、发放状态和成本。可以根据业务要求在站点更改或定制显示在结构管理器中的属性列表。

事例注释包含与结构中零组件的事例相关的信息，例如特定轮胎的充气压力或者螺栓的扭矩值。系统管理员可以在 BMIDE 中扩展新的注释类型，用户可以使用任何可用的注释类型为结构中的特定行指定注释值。

物料清单结构中的属性与注释如图 8－9 所示。

图 8 - 9　物料清单结构中的属性与注释

## 8.3　任务实施

管理产品结构（创建车床的产品结构树）

### 8.3.1　使用 Teamcenter 管理产品结构

创建产品结构（BOM 视图版本）有以下 3 种方法。

（1）在 Teamcenter 胖客户端，在装配零组件版本下创建"BomView"对象，然后通过双击"BomView"对象将其发送到结构管理器中。

（2）在 Teamcenter 胖客户端，用鼠标右键单击装配件的零组件（或零组件版本），选择"发送到"→"结构管理器"命令。

以上两种方法都是在 Teamcenter 胖客户端操作。进入结构管理器后，用户可以通过复制/粘贴将子组件或零件添加到装配结构；也可以在结构管理器下新建不存在的零组件，新建的零组件将存放在用户的"Newstuff"文件夹中，其会自动加入装配结构。

（3）使用 NX 等 CAD 软件打开装配件的零组件或零组件版本，并在 NX 中完成零组件设计和装配，自动生成产品结构。

结构管理器可以直接读取 CAD 装配文件的装配结构并自动创建 BOM 视图，因为使用 CAD 软件进行产品设计和装配不是本书所关心的内容，所以使用方法（1）和方法（2），即在 Teamcenter 胖客户端创建产品结构。

本项目练习所需模型文件可在随书资源的"车床主轴箱三维模型（70 个 Part）"文件夹中找到。另外，在建立零组件的过程中，相关零组件名称可以从随书资源"1 车床产品结构 .txt"文件中复制。

#### 1. 基于现有零组件创建产品结构关系

在项目 3"Teamcenter 产品数据组织与管理"中，已经创建了主轴箱 I 轴组件的所有零件，如图 8 - 10 所示。本节的实验内容是将已经存在的零组件添加到 BOM 视图。

下面创建主轴箱 I 轴组件，并将 V 带轮等零件与其建立结构关系。

操作者：张三（u003），主轴箱组结构设计师。

（1）在"Home"文件夹中，找到"车床项目"→"主轴箱"文件夹，并单击将其选中。

（2）选择"文件"→"新建"→"零组件"命令，创建一个名为"主轴箱 - I 轴组件"的零组件（此零组件将作为装配件），如图 8 - 11 所示。

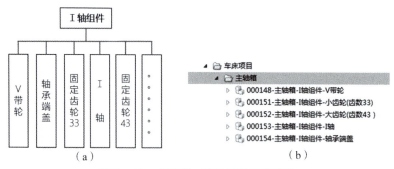

图 8 – 10　主轴箱 I 轴组件的产品结构

(a) 装配结构；(b) 已创建的数据对象

图 8 – 11　创建代表装配件的零组件

(3) 选择"主轴箱 – I 轴组件"的版本（A 版本），选择"文件"→"新建"→"BOM 视图版本"命令（图 8 – 12）。

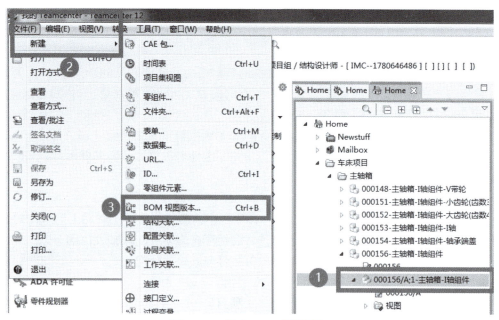

图 8 – 12　创建 BOM 视图版本

(4) 在弹出的对话框中，选择类型为"视图"，装配类型按默认选择"非精确"，然后单击"确定"按钮（图 8 – 13）。

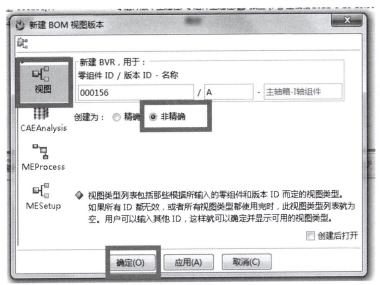

图 8－13　设置 BOM 视图版本参数

（5）设置完成后，将在零组件下创建一个 BOM 视图版本（图 8－14）。

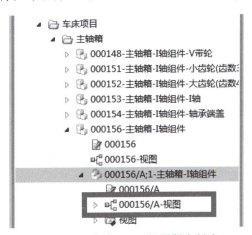

图 8－14　完成 BOM 视图版本创建

（6）双击 BOM 视图版本对象（000156/A），将打开结构管理器，由于还没有添加其他零组件，所以只有一行（图 8－15）。

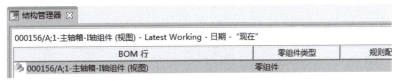

图 8－15　打开 BOM 视图版本

（7）将零组件（子件）添加到 BOM 行。

有两种方法将零组件添加到 BOM 行，先用第一种方法，即通过"添加"命令添加。

①选择"主轴箱－I 轴组件"，选择"编辑"→"添加"命令（图 8－16）。

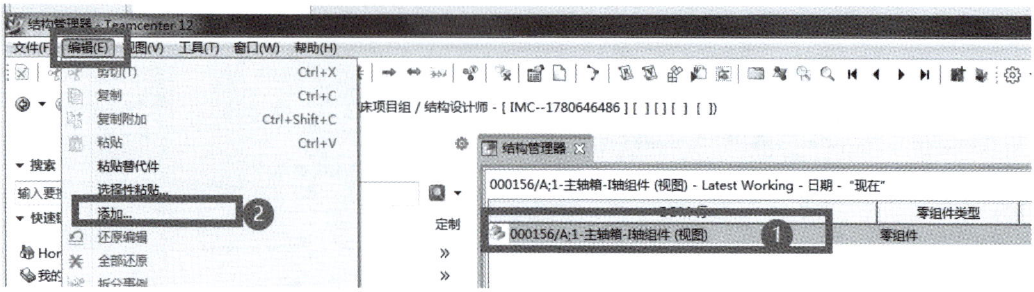


图 8 – 16 “添加”命令

②在弹出的“添加”对话框中，可以直接输入零组件 ID，它便于记忆，一般通过查找添加。

③单击“查找”按钮，可以输入名称查找零组件（图 8 – 17）。

在“名称”框中，可以输入通配符，如“＊I 轴＊”代表查找所有名称中含有“I 轴”的零组件。

④单击“查找”按钮（8 – 17）。

在查询到的零组件列表中，双击要添加的零组件，如“V 带轮”，返回“添加”对话框。

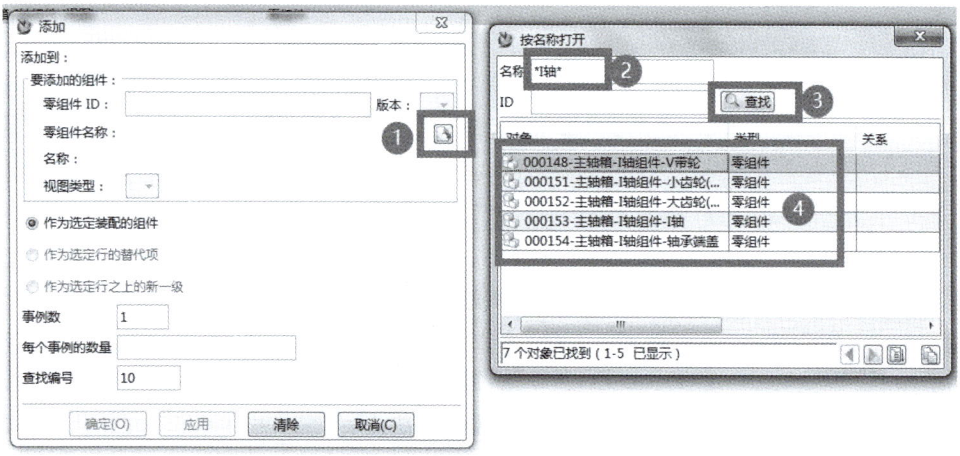


图 8 – 17 查找要添加的零组件

⑤在“添加”对话框中指定“事例数”“每个事例的数量”，然后单击“应用”按钮（图 8 – 18）。

⑥单击“应用”按钮后，会将选定的零组件添加到 BOM 行中（图 8 – 19）。

使用这种方法，一次只能添加一个对象，必须多次单击“查找”按钮，适合添加单个零组件。

下面使用第 2 种方法，即通过复制—粘贴，将其他对象添加到装配结构中。

（8）通过复制—粘贴将小齿轮、大齿轮、轴承端盖、轴等添加到装配结构中。

①在应用程序列表区，单击“我的 Teamcenter”按钮，切换到用户工作区。

②依次展开“车床项目”→“主轴箱”文件夹。

③按住 Ctrl 键，单击多个需要添加的零组件对象。

图 8-18  设置添加零组件的参数

图 8-19  将零组件添加到 BOM 行中

④选择多个零组件对象后,按"Ctrl + C"组合键,或单击鼠标右键选择"复制"命令。

⑤单击应用程序列表中的"结构管理器"按钮,切换到"结构管理器"透视图。

⑥选中 BOM 导航器中的第一行,即"I 轴组件"。

⑦按"Ctrl + V"组合键或选择"编辑"→"粘贴"命令,将复制的零组件添加到BOM 行中,如图 8-20 所示。

⑧选择"文件"→"保存"命令,保存当前编辑的 BOM 视图版本。BOM 视图版本在"Home"文件夹中的显示效果如图 8-21 所示。

**2. 新建零组件并创建产品结构关系**

主轴箱中其他底层零组件如图 8-22 所示。

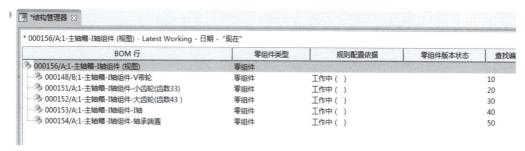

**图 8 – 20 将多个零组件添加到 BOM 行中**

**图 8 – 21 BOM 视图版本在"Home 文件夹"中的显示效果**

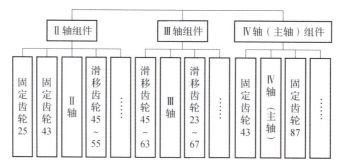

**图 8 – 22 主轴箱中其他底层零组件**

图 8 – 22 所示的Ⅱ轴组件、Ⅲ轴组件及Ⅳ轴（主轴）组件都没有创建对应的零组件，本部分演示如何在结构管理器中创建零组件及装配关系。

操作者：张三（u003），主轴箱组结构设计师。

（1）在"Home"文件夹中，找到"车床项目"→"主轴箱"文件夹，并单击将其选中。

（2）选择"文件"→"新建"→"零组件"命令，创建3个零组件，名称分别为"主轴箱–Ⅱ轴组件""主轴箱–Ⅲ轴组件""主轴箱–Ⅳ轴（主轴）组件"。

（3）选择"主轴箱–Ⅱ轴组件"的版本对象（图8–23）。

（4）单击鼠标右键，选择"发送到"→"结构管理器"命令（图8–23）。

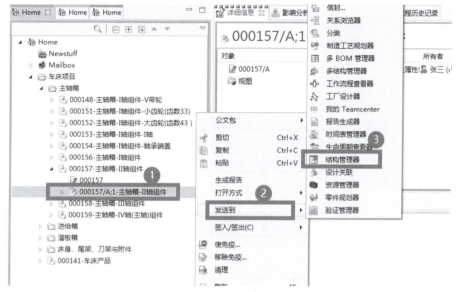

**图8–23  将数据对象发送到结构管理器**

由于Ⅱ轴的零组件都不存在，所以在结构管理器中新建零组件对象，并将其添加到装配结构。

（5）选择"文件"→"新建"→"零组件"命令。

①"类型"选择"零组件"。

②"ID"和"版本"选择"指派"。

③"名称"为"主轴箱–Ⅱ轴组件–固定齿轮25"。

④单击"完成"按钮。

⑤完成后，发现新建的零组件已经添加到BOM行中。

⑥继续新建名称为"主轴箱–Ⅱ轴组件–固定齿轮43""主轴箱–Ⅱ轴组件–Ⅱ轴""主轴箱–Ⅱ轴组件–滑移齿轮45–55"的3个零组件。

（6）单击"关闭"按钮，即出"新建零组件"对话框。

创建完成后，结构管理器界面如图8–24所示。

单击"保存"按钮▥，保存当前的BOM视图。

（7）单击"我的Teamcenter"应用程序按钮。

（8）将新建的零组件作为引用添加到"车床项目"→"主轴箱"文件夹。

①展开"车床项目"→"主轴箱"文件夹，展开"主轴箱–Ⅱ轴组件"节点。

②在"主轴箱–Ⅱ轴组件"节点的BOM视图版本对象下方有一个"视图"文件夹，该文件夹下会显示在结构管理器中新建的零组件对象。

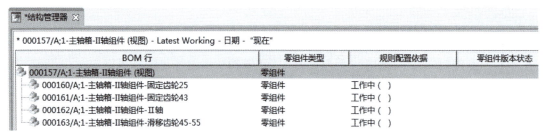

图 8－24　新建零组件并添加到 BOM 行中

③选择"视图"文件夹下所有新建的对象，复制并粘贴到"主轴箱"文件夹下（图 8－25）。

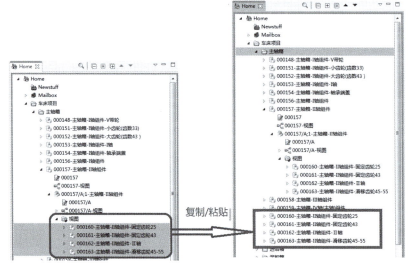

图 8－25　建立文件夹对新建数据对象的引用关系

用同样的方法，新建"主轴箱－Ⅲ轴组件"及"主轴箱－Ⅳ轴（主轴）组件"的数据对象并添加结构关系，完成后的效果如图 8－26 所示。

图 8－26　创建好的主轴箱底层装配结构

### 3. 创建部件的产品结构树

本部分创建一个"主轴箱部件"，该零组件将"主轴箱－Ⅰ轴组件""主轴箱－Ⅱ轴组件""主轴箱－Ⅲ轴组件"及"主轴箱－Ⅳ轴（主轴）组件"作为子装配加入装配结构。

操作者：刘一（u001），主轴箱组主任设计师。

（1）在"Home"文件夹中，找到"车床项目"→"主轴箱"文件夹，并单击将其选中。

（2）选择“文件”→“新建”→“零组件”命令，创建一个名为“主轴箱部件”的零组件（此零组件将作为装配件）。

（3）复制“主轴箱－Ⅰ轴组件”“主轴箱－Ⅱ轴组件”“主轴箱－Ⅲ轴组件”及“主轴箱－Ⅳ轴（主轴）”组件。

（4）选择“主轴箱部件”，单击鼠标右键选择“发送到”→“结构管理器”命令。

（5）在结构管理器中，按“Ctrl＋V”组合键将复制的零组件粘贴到 BOM 行中。

（6）保存 BOM 配置。

在结构管理器中，可以发现这是一个两层 BOM 结构，可以展开下层的各级轴组件，浏览底层结构（图 8－27）。

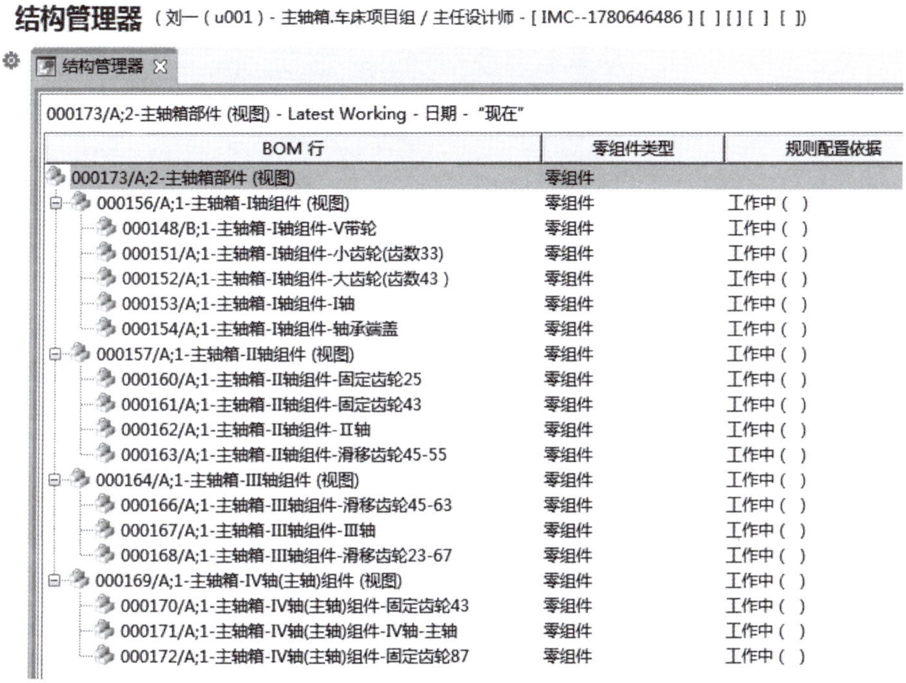
结构管理器 (刘一 ( u001 ) - 主轴箱.车床项目组 / 主任设计师 - [ IMC--1780646486 ] [ ] [ ] [ ] [ ])
结构管理器
000173/A;2-主轴箱部件 (视图) - Latest Working - 日期 - "现在"
BOM 行
零组件类型
规则配置依据
000173/A;2-主轴箱部件 (视图) 零组件
000156/A;1-主轴箱-I轴组件 (视图) 零组件 工作中 ( )
000148/B;1-主轴箱-I轴组件-V带轮 零组件 工作中 ( )
000151/A;1-主轴箱-I轴组件-小齿轮(齿数33) 零组件 工作中 ( )
000152/A;1-主轴箱-I轴组件-大齿轮(齿数43 ) 零组件 工作中 ( )
000153/A;1-主轴箱-I轴组件-I轴 零组件 工作中 ( )
000154/A;1-主轴箱-I轴组件-轴承端盖 零组件 工作中 ( )
000157/A;1-主轴箱-II轴组件 (视图) 零组件 工作中 ( )
000160/A;1-主轴箱-II轴组件-固定齿轮25 零组件 工作中 ( )
000161/A;1-主轴箱-II轴组件-固定齿轮43 零组件 工作中 ( )
000162/A;1-主轴箱-II轴组件-II轴 零组件 工作中 ( )
000163/A;1-主轴箱-II轴组件-滑移齿轮45-55 零组件 工作中 ( )
000164/A;1-主轴箱-III轴组件 (视图) 零组件 工作中 ( )
000166/A;1-主轴箱-III轴组件-滑移齿轮45-63 零组件 工作中 ( )
000167/A;1-主轴箱-III轴组件-III轴 零组件 工作中 ( )
000168/A;1-主轴箱-III轴组件-滑移齿轮23-67 零组件 工作中 ( )
000169/A;1-主轴箱-IV轴(主轴)组件 (视图) 零组件 工作中 ( )
000170/A;1-主轴箱-IV轴(主轴)组件-固定齿轮43 零组件 工作中 ( )
000171/A;1-主轴箱-IV轴(主轴)组件-IV轴-主轴 零组件 工作中 ( )
000172/A;1-主轴箱-IV轴(主轴)组件-固定齿轮87 零组件 工作中 ( )

图 8－27 创建好的“主轴箱部件”装配结构

用户“刘一（u001）”有多重身份，他身兼 3 个组的主任设计师，因此可以通过他继续创建“进给箱部件”和“溜板箱部件”零组件。但执行相关操作时，需要切换用户身份，图 8－28 所示为用户“刘一（u001）”当前身份为主轴箱组主任设计师，选择在“进给箱”文件夹创建零组件时系统提示权限不足错误。

切换身份的方法如下。

（1）在“我的 Teamcenter”应用程序中选择“编辑”→“用户设置”命令。

（2）在弹出的“用户设置”对话框中单击“会话”选项卡。

（3）将用户的“组”和“角色”设置为合适的值。

设置成“进给箱”组的“主任设计师”角色，就可以在“进给箱”文件夹中创建“进给箱部件”零组件（图 8－29）。

图 8 – 28　文件夹权限不足错误提示

图 8 – 29　切换用户当前身份

**4. 创建车床的产品结构树**

本部分创建一个"车床"零组件，并将所有零组件加入车床产品结构树（图 8 – 30）。

图 8 – 30　创建车床产品结构

操作者：陈江（u02），管理组总设计师。

（1）在“Home”文件夹中，找到“车床项目”文件夹，并单击将其选中。

（2）选择“文件”→“新建”→“零组件”命令，创建一个名为“车床”的零组件（此零组件将作为产品总装配件）。

（3）复制“主轴部件”“进给箱部件”“溜板箱部件”零组件。

（4）选择“车床”零组件，单击鼠标右键选择“发送到”→“结构管理器”命令。

（5）在结构管理器中，按“Ctrl + V”组合键将复制的零组件粘贴到 BOM 行中。

（6）保存 BOM 配置。

完成后如图 8－31 所示。在结构管理器中，可以发现这是一个 3 层 BOM 结构，其中的“进给箱部件”和“溜板箱部件”零组件没有建立下级结构（图 8－31）。

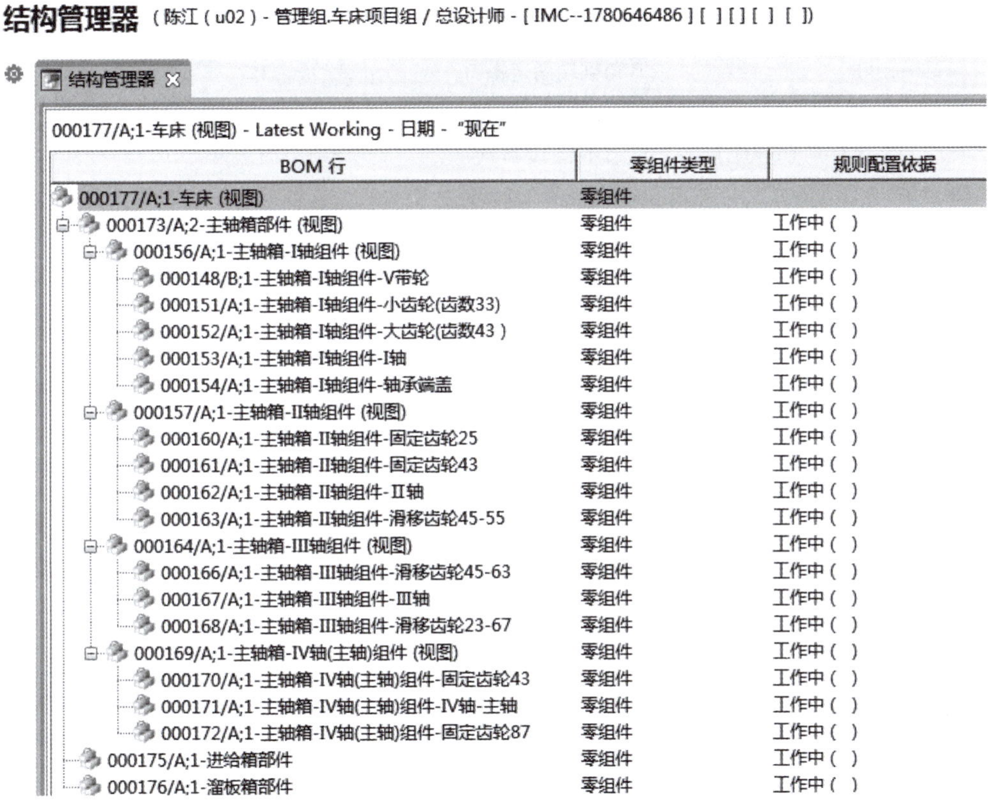
结构管理器 (陈江 ( u02 ) - 管理组.车床项目组 / 总设计师 - [ IMC--1780646486 ] [ ] [ ] [ ] [ ])
结构管理器
000177/A;1-车床 (视图) - Latest Working - 日期 - "现在"
BOM 行
零组件类型
规则配置依据
000177/A;1-车床 (视图)　零组件
000173/A;2-主轴箱部件 (视图)　零组件　工作中 ( )
000156/A;1-主轴箱-I轴组件 (视图)　零组件　工作中 ( )
000148/B;1-主轴箱-I轴组件-V带轮　零组件　工作中 ( )
000151/A;1-主轴箱-I轴组件-小齿轮(齿数33)　零组件　工作中 ( )
000152/A;1-主轴箱-I轴组件-大齿轮(齿数43 )　零组件　工作中 ( )
000153/A;1-主轴箱-I轴组件-I轴　零组件　工作中 ( )
000154/A;1-主轴箱-I轴组件-轴承端盖　零组件　工作中 ( )
000157/A;1-主轴箱-II轴组件 (视图)　零组件　工作中 ( )
000160/A;1-主轴箱-II轴组件-固定齿轮25　零组件　工作中 ( )
000161/A;1-主轴箱-II轴组件-固定齿轮43　零组件　工作中 ( )
000162/A;1-主轴箱-II轴组件-II轴　零组件　工作中 ( )
000163/A;1-主轴箱-II轴组件-滑移齿轮45-55　零组件　工作中 ( )
000164/A;1-主轴箱-III轴组件 (视图)　零组件　工作中 ( )
000166/A;1-主轴箱-III轴组件-滑移齿轮45-63　零组件　工作中 ( )
000167/A;1-主轴箱-III轴组件-III轴　零组件　工作中 ( )
000168/A;1-主轴箱-III轴组件-滑移齿轮23-67　零组件　工作中 ( )
000169/A;1-主轴箱-IV轴(主轴)组件 (视图)　零组件　工作中 ( )
000170/A;1-主轴箱-IV轴(主轴)组件-固定齿轮43　零组件　工作中 ( )
000171/A;1-主轴箱-IV轴(主轴)组件-IV轴-主轴　零组件　工作中 ( )
000172/A;1-主轴箱-IV轴(主轴)组件-固定齿轮87　零组件　工作中 ( )
000175/A;1-进给箱部件　零组件　工作中 ( )
000176/A;1-溜板箱部件　零组件　工作中 ( )

图 8－31　创建好的车床产品结构树

将创建完成的车床产品结构树导出，见随书资源中的“2 车床 BOM. html”文件。

### 5. BOM 行打包和解包

将多个相同的零组件组合到一层装配中称为打包。结构管理器对符合以下所有要求的零组件打包。

（1）具有相同的零组件版本。

（2）具有相同的查找编号。

（3）都不具有变量条件或都具有相同的变量条件。

例如：如果自行车设计者采用轮毂设计，而且每根辐条除了位置不同外其余属性都相同，那么，在车轮 BOM 中处理 50 根辐条将会非常耗时，这时可将它们打包显示一个"辐条×50"条目。

下面将表 8－2 所示的"M16×40"内六角锥端紧定螺钉添加到主轴箱 BOM 行中，并演示打包与解包。

表 8－2　主轴箱部分标准件清单

| 规格 | 名称 | 材料 | 数量 |
|---|---|---|---|
| M8×30 | 圆柱头内六角螺钉 | 35 | 1 |
| M6×12 | 锥端紧定螺钉 | 35 | 3 |
| M6×12 | 圆柱端紧定螺钉 | 35 | 3 |
| M8×20 | 圆柱端紧定螺钉 | 35 | 1 |
| M16×40 | 内六角锥端紧定螺钉 | 35 | 3 |

操作者：刘一（u001），主轴箱主任设计师。

（1）在"Home"文件夹中，找到"车床项目"→"主轴箱"文件夹，并单击将其选中。

（2）选择"文件"→"新建"→"零组件"命令，创建一个名为"主轴箱－内六角锥端紧定螺钉（M16×40）"的零组件。

（3）复制"主轴箱－内六角锥端紧定螺钉（M16×40）"零组件。

（4）找到"主轴箱部件"零组件的版本，单击鼠标右键，选择"发送到"→"结构管理器"命令。

（5）在结构管理器中，选择"编辑"→"选择性粘贴"命令。

（6）在"选择性粘贴"对话框中，"事例数"设置为"35"，单击"确定"按钮，加入装配结构后，默认显示为打包状态（图 8－32）。

图 8－32　选择性粘贴创建多个事例

（7）解包操作。

选择新增加的 BOM 行，单击"将选定的行解包"按钮，会将每个打包的 BOM 行分解为独立的 BOM 行（图 8－33）。

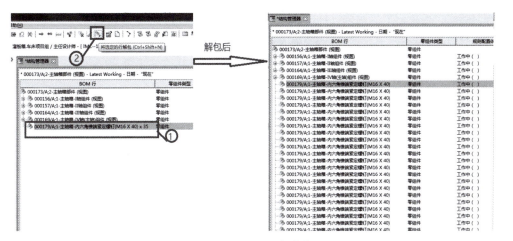

图 8 - 33　BOM 行解包

用户还可以选择"视图"→"全部打包"命令和"视图"→"全部解包"命令执行打包和解包任务。

### 8.3.2　使用 Teamcenter 配置产品结构

产品结构的配置方法一般有 3 种：按照变量配置产品结构、按照版本状态配置产品结构、按照有效性配置产品结构。

#### 1. 按照变量配置产品结构

按照变量配置产品结构

#### 2. 按照版本状态配置产品结构

按照版本状态配置产品结构

#### 3. 按照有效性配置产品结构

按照有效性配置产品结构

## 8.4　任务评价

项目 8 任务评价见表 8 – 3。

表 8 – 3　项目 8 任务评价

| 评价项目 | 分值 | 得分 | |
| --- | --- | --- | --- |
| | | 自评分 | 师评分 |
| 了解产品结构管理、产品配置管理的概念 | 5 | | |
| 了解 3 类产品配置规则 | 5 | | |
| 熟悉 Teamcenter 结构管理器界面 | 5 | | |
| 熟悉 Teamcenter 中与产品结构相关的数据对象 | 5 | | |
| 会使用结构管理器创建产品结构 | 10 | | |
| 理解精确和非精确装配结构 | 5 | | |
| 熟悉结构管理器的常见操作：查找、打包/解包、比较 | 10 | | |
| 掌握克隆产品结构的方法 | 10 | | |
| 掌握按照版本状态配置产品结构的方法 | 10 | | |
| 掌握按照有效性配置产品结构的方法 | 10 | | |
| 掌握按照变量配置产品结构的方法 | 10 | | |
| 学习认真，按时出勤 | 10 | | |
| 具有自主探究能力 | 5 | | |
| 总计得分 | | | |

## 项目 9 流程设计与管理

【知识目标】

- 熟悉工作流设计器、"我的工作列表"、工作流程查看器。
- 了解工作流程、流程模板。
- 理解常见的任务模板。

【技能目标】

- 创建流程模板。
- 修改任务行为。
- 添加任务处理程序。
- 部署流程模板。
- 发起工作流程并指派工作流程任务。
- 审核工作流程任务。
- 跟踪工作流程状态。

【职业素养目标】

- 具有认真、细致的工作态度。
- 培养自主探究的工作精神。

### 9.1 项目描述

#### 9.1.1 项目内容

本项目创建一个车床项目结构设计审批流程，见表 9 – 1。

表 9 – 1 车床项目结构设计审批流程

| 序号 | 任务 | 说明 | 签署人 |
|------|------|------|--------|
| 1 | 确认已完成 | 流程发起人确认已经完成相关工作 | 流程发起人，即结构设计师 |

续表

| 序号 | 任务 | 说明 | 签署人 |
|---|---|---|---|
| 2 | 设计审查 | 总工程师对设计进行结构和功能性评审，评审结论为"批准"和"拒绝"。<br>拒绝：对于存在严重问题的设计将予以拒绝，直接退回"确认已完成"节点；<br>批准：设计符合要求，无重大问题，提出修改完善意见，流程进入下一节点 | 车床项目管理组总工程师 |
| 3 | 确认已修改 | 流程发起人根据"设计审查"节点的修改意见，确认已经完成修改 | 流程发起人，即结构设计师 |
| 4 | 标准化审查 | 审查是否符合企业规范和标准，结论为"批准"和"拒绝"。结论为"拒绝"时将直接退回"确认已完成"节点 | 车床项目管理组标准化工程师 |
| 5 | 批准 | 项目经理进行终审，结论为"认可"和"不认可"。结论为"不认可"时将直接退回"确认已完成"节点 | 车床项目管理组项目经理 |
| 6 | 发布 | 前续审批均已结束，将数据对象标记为"已发布"状态 | — |

　　在前续工作中，组织结构的管理组中还缺少一位负责审核的标准化工程师，创建这个角色，并将一名已存在的用户加入。

　　由于流程存在多个节点，在验证流程时，需要切换不同的用户来完成流程任务。为节省用户切换时间，建议将一个用户加入表 9 – 1 中负责签署的各个组和角色。本项目实验时是将"编者"用户设置为系统管理员，并加入车床项目的管理组，同时拥有总设计师、标准化工程师和项目经理等角色（图 9 – 1）。

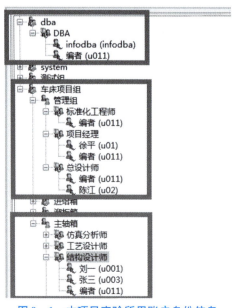

**图 9 – 1　本项目实验所用账户身份信息**

请注意，实验前"编者（u011）"用户的身份信息见表9－2。

表9－2 "编者（u011）"用户的身份信息

| 序号 | 身份信息 |
| --- | --- |
| 1 | "dba"组DBA角色，系统管理员，创建流程模板 |
| 2 | 主轴箱组．车床项目组的结构设计工程师，负责发起流程 |
| 3 | 管理组．车床项目组的总工程师，负责设计审查 |
| 4 | 管理组．车床项目组的标准化工程师，负责标准化审查 |
| 5 | 管理组．车床项目组的项目经理，负责流程终审 |

## 9.1.2　项目实施步骤

本项目的主要实施步骤如下。

（1）创建流程模板。在流程设计器中添加流程节点，定义任务之间的关系，创建签发概要表，添加流程处理程序。

（2）基于所创建的流程模板发起流程，并进行流程审批。

流程必须有人参与，因此流程模板的定制与组织结构密切相关。本项目基于项目3的实验所建立的组织结构开展。为了方便读者学习，随书资源提供了组织结构包，用户可以根据随书资源中"1 导入组织结构的命令．txt"的内容，使用命令将"2 项目所需组织结构（导入组织结构所需）．zip"文件导入Teamcenter系统。

在后续项目实施中，每一阶段性的任务完成后，都将流程模板导出，供读者参考，见随书资源中的相关XML文件。

## 9.2　知识准备

当零组件设计完成后，需要通过数据发放的方法使其状态冻结，即从非正式的、不确定的状态过渡到正式的、确定不变的状态。

Teamcenter通过工作流程发放数据。在工作流程中可以定义多个任务及相应的顺序，并指定每个任务的执行人。当一个任务结束后，工作流程自动转到下一个任务。

Teamcenter中提供工作流程设计器、工作流程查看器和"我的工作列表"3个应用程序来管理和使用工作流程。本节简要介绍这3个应用程序，并解释相关概念。

### 9.2.1　工作流程设计器

工作流程设计器是一个图形化的工作流程建模工具，可以根据企业设计制造的实际情况或独特性进行工作流程的可视化定制，系统管理员使用此应用程序来设计流程模板，其他用户使用这些流程模板在"我的Teamcenter"和工作流程查看器中发起工作流程。

### 1. 工作流程设计器界面

工作流程设计器界面及其说明如图 9 – 2 和表 9 – 3 所示。

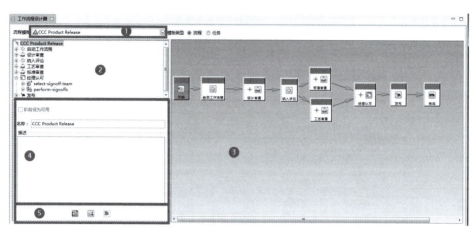

**图 9 – 2　工作流程设计器界面**

**表 9 – 3　工作流程设计器界面说明**

| 图示区域 | 名称 | 说明 |
| --- | --- | --- |
| ① | "流程模板"下拉列表 | 列出所有流程或任务模板，具体取决于选择流程还是任务作为模板类型 |
| ② | 任务层次结构树 | 显示"流程模板"框中所示模板的层次结构任务。树形结构显示流程模板中所有任务的关系或任务模板中子任务的关系。注意：任务层次结构树并不代表任务执行顺序 |
| ③ | 工作流程设计器主窗口 | 显示选定流程模板中的所有任务或者选定任务模板中的所有子任务的按次序的图形表示形式 |
| ④ | 模板管理器窗口 | 包含与管理选定流程模板或任务模板的相关元素，显示在窗口中的元素依赖于选定模板的状态和配置 |
| ⑤ | 任务属性区 | 可查看任务属性和任务处理程序对话框。如果选定的任务是 select – signoff – team 任务，则还可查看任务签发对话框。<br>　　"任务属性"按钮：单击此按钮可查看选定模板的任务属性。<br>　　"任务处理程序"按钮：单击此按钮可查看选定模板的任务处理程序。<br>　　"任务签发"按钮：单击此按钮可查看选定模板的任务签发小组成员概要表 |

### 2. 工作流程设计器的相关概念

#### 1）工作流程

工作流程是为实现某个目标而自动执行的业务流程。工作流程由用户发起，然后工作流程任务将被指派给用户。在相对简单的工作流程中（图 9 - 3），开始步骤（绿色）引导至活动的 Do 任务（黄色），Do 任务引导至待处理的审核任务（灰色），然后是完成步骤（红色）。

为了方便使用，西门子公司推荐使用"我的 Teamcenter"发起并完成工作流程，因为整个过程都可以在"我的工作列表"的任务箱中完成。用户还可以从工作流程查看器启动工作流程。

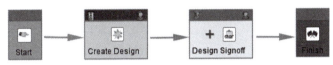

图 9 - 3 Teamcenter 工作流程示意（附彩插）

2）流程模板

流程模板是工作流程的蓝图，系统管理员负责创建流程模板。一个特定的工作流程是通过在流程模板中按所需的执行顺序放置任务来定义的。其他要求，如法定人数和持续时间等，也可以包含在流程模板中。

3）任务

一个工作流程中有很多步骤，每个步骤称为一个任务。任务是流程模板中的一个单元节点，是用于构建工作流程的基本单元块。每个任务都定义了用于完成该任务的一组操作、规则和资源。

Teamcenter 工作流程中常见的任务模板见表 9 - 4。

表 9 - 4 Teamcenter 工作流程中常见的任务模板

| 序号 | 名称 | 说明 |
| --- | --- | --- |
| 1 | Do 任务 ✳ | 要求所指派的用户审核并执行任务说明，然后标记任务完成 |
| 2 | "认可"任务 | 包含选择签发小组和执行签发任务。决定选项是"认可"和"未认可" |
| 3 | "审核"任务 | 包含选择签发小组和执行签发任务。决定选项是"批准""拒绝"和"不做决定" |
| 4 | "会签"任务 | 包含"审核""认可"和"通知"任务 |
| 5 | "条件"任务 ◆ | 使用它作为用于创建各自定制任务的起点，这样的任务用于承载定制表单的任务或用户要完成的其他站点特定任务。该任务模板与 EPMTask 模板同义 |
| 6 | "验证"任务 | 沿两条路径或更多路径确定工作流程的分支。从任务流出的活动路径由是否出现指定的工作流程错误来确定。使用此任务可以围绕预知错误设计工作流程 |

续表

| 序号 | 名称 | 说明 |
|---|---|---|
| 7 | "添加状态"任务 | 为工作流程的目标对象创建和添加发布状态。它是工作流程中的一个显式的里程碑 |
| 8 | "或"任务 | 当此任务的多个前趋任务中的任何一个任务已完成或提升后，此任务将继续执行工作流程。此任务中的前趋任务数目不限 |

表9-4中的相关术语解释如下。

（1）创建签发概要表："审批"需要指定签发概要表，即指定属于某组或某角色的用户参与工作流程审核。签发概要表在流程模板中定义，在签发中一般指定组和角色。例如，如果需要市场营销组的3名经理、工程组的所有经理以及工程组51%的工程师来签发特定的"审核"任务，管理员将创建3个组概要表：Marketing/manager概要表、Engineering/manager概要表和Engineering/engineer概要表。

（2）选择签发小组：工作流程发起者选择执行审核的用户，这些审核人的集合即任务签发小组，只有审核人员签署意见后工作流程才能继续。

（3）执行签发：选择签发小组后，perform-signoffs子任务将被分发到选定的签发小组，提示审核目标对象并签发。当在工作流程中执行此任务时，perform-signoffs任务将对每个签发小组成员显示3个选项："批准""拒绝"和"不做决定"。选择批准或拒绝执行任务。"不做决定"是默认选项，选择此选项将不执行任务。

（4）Do任务：使用Do任务可定义用户要完成的操作。当在工作流程中执行此任务时，将在任务的说明框中显示用户所需执行的操作。此任务通常是工作流程的第一个节点，提醒发起工作流程的用户确认已经完成相关任务。

（5）"通知"任务：要求所指派的用户进行回复①。

4）任务属性

通过任务属性可进一步配置任务行为。可以设置安全性属性、定制任务符号，并定义条件结果。常见的任务属性有：命名的ACL、模板名称、签发法定人数、发布状态图标等。

（1）命名的ACL是用于指定工作流程参与者和对应权限的ACL。

（2）任务签发的法定人数用于表示完成任务必须达到的批准任务的用户数或百分比，即工作流程能够继续之前必须要得到多少人批准的值。可以输入数字，代表需要几个人批准，或输入"ALL"，代表需要所有人批准；也可输入一个百分比。例如：当任务有5个审核者，但都不是必需的，并且法定人数设置为2时，两个审核者提供其决定时该任务将继续进行；然而，如果5个审核者之一被标记为"必需"，即使满足法定人数，在"必需"审核者提供决定之前，任务都不会继续进行。

---

① 注：该任务在表9-4中未列出。

5）任务处理程序（Handler）

任务处理程序用于扩展和定制工作流程任务，有操作处理程序（Action Handler）和规则处理程序（Rule Handler）两种类型：

操作处理程序用于执行操作，如附加对象、发送电子邮件或确定操作否满足规则。操作处理程序对任务操作进行扩展和定制。它可以执行多种操作，如显示信息、检索之前任务的结果（继承）、通知用户、设置对象保护和启动应用程序。

规则处理程序用于在任务级别将工作流程业务规则集成到 EPM 工作流程。它可以向操作添加条件。规则处理程序可确认是否符合已定义的规则。如果符合该规则，则返回 EPM_go 命令，允许该任务继续进行；如果不符合规则，则返回 EPM_nogo 命令，阻止任务继续进行。如果单个规则处理程序对应多个目标，则所有目标都必须满足 EPM_go 命令的规则才能被返回（AND 条件）。

### 9.2.2　"我的工作列表"

"我的工作列表"应用程序以树状结构显示指派给用户的任务。"我的工作列表"中有一个任务箱文件夹，该文件夹中包含"要执行的任务"和"要跟踪的任务"两个子文件夹，如图 9 – 4 所示。

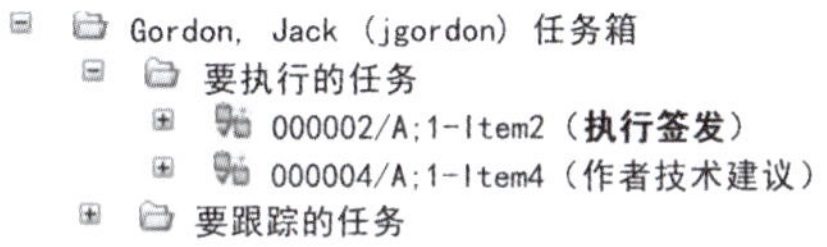

```
☐ 📁 Gordon, Jack (jgordon) 任务箱
    ☐ 📁 要执行的任务
        ⊞ 🔧 000002/A;1-Item2 (执行签发)
        ⊞ 🔧 000004/A;1-Item4 (作者技术建议)
    ⊞ 📁 要跟踪的任务
```

**图 9 – 4　"我的工作列表"**

#### 1. "要执行的任务"文件夹

任何指派给用户的任务都将显示在"要执行的任务"文件夹中。一旦满足了任务的完成准则（例如，执行签发任务的批准所需的法定人数已满足），任务就已完成，并从该文件夹中被移除。要执行的任务用不同颜色标记，颜色标记用于根据 8 种持续时间区分工作的优先级。

①黑色：任务无持续时间。

②绿色：任务有持续时间，且尚未超时。

③红色：任务有持续时间，且已经超时。

#### 2. "要跟踪的任务"文件夹

如果用户发起一个工作流程，但是不负责当前的活动任务，Teamcenter 会将任务放在胖客户端"要跟踪的任务"文件夹中，以及 Active Workspace 客户端的"任务箱跟踪"选项卡中。当达到任务完成准则时，任务就已完成并从该文件夹中被移除。

### 9.2.3　工作流程查看器

工作流程查看器可以用来查看某个工作流程的详细内容，包括工作流程中的任务、签署人及工作流程的进展情况。工作流程查看器是一个所有用户都可以使用的工具，即使当前用户不在工作流程中，也可以看到上述内容。

与"我的 Teamcenter"中的工作流程方面的功能相比，工作流程查看器提供了更多这方面的功能。在工作流程查看器中，用户可以进行如下操作。

（1）查看发起的任何工作流程，无论该工作流程当前是在处理中还是已完成，均是如此。

（2）如果用户有写权限，可编辑活动的工作流程。

通过选择某一任务并选择工作流程查看器视图中的工作流程视图，可以查看工作列表中的工作流程。不过，使用此方法只能查看包含指派给用户的且位于"我的工作列表"中的那些工作流程。

即使用户不是某个特定工作流程的参与成员，也可使用工作流程查看器查看该工作流程的进度。

如果用户拥有工作流程数据的读取权限，则无论工作流程当前正在处理中还是已到达它的最终状态，用户都可以查看数据库中的任何工作流程。

## 9.3 项目实施

新建根节点模板

### 9.3.1 创建流程模板

**1. 新建根节点模板**

（1）使用系统管理员账号登录 Teamcenter 客户端。

本项目使用"编者（u011）"账号

（2）在应用程序列表区单击  按钮，启动工作流程设计器。

（3）选择"文件"→"新建根节点模板"命令（图9-5）。

①输入新根节点模板名称"wf01_车床项目结构设计审批流程"。

②"基于根节点模板"选择"空模板"。

③"模板类型"选择"流程"。

④单击"确定"。

⑤工作流程设计器进入流程设计状态。

图9-5　新建根节点模板

（4）输入工作流程的描述信息（图9-6）。

①选择工作流程根节点。

图 9 – 6　输入工作流程的描述信息

②输入工作流程描述文字（可选，即可以不输入）："本流程应用于车床零部件设计审批与文档发布"。

③勾选"阶段设为可用"复选框，保存流程模板。

2. 添加工作流程任务节点

（1）单击"编辑模式"按钮 ，在弹出的"脱机"对话框中单击"是"按钮（图 9 – 7）。

添加工作流程
任务节点

图 9 – 7　确认使工作流程进入编辑模式

（2）添加"确认已完成"任务（图 9 – 8）。

图 9 – 8　添加"确认已完成"任务

①在工具栏单击 Do 任务模板图标 ✳。

②在工作流程设计器窗口的"开始"节点后空白区域双击。一个名为"新建 Do 任务1"的任务节点添加到工作流程中。

③输入流程名称"确认已完成"，然后按 Enter 键（图 9 – 9）。

图 9 - 9   添加 Do 任务

④选择"确认已完成"节点，输入如下说明文字（可选，即可以不输入）：

已准备好流程审核的数据

初始化流程和并指定流程签署人

（3）添加"设计审查"任务。

①在任务层次结构树中，选择工作流程根节点"wf01_车床项目结构设计审批流程"（注意，一定不要选择第 1 个任务节点）。

②在工具栏单击"审核"任务模板图标 。

③在工作流程设计器窗口的"确认已完成"节点后的空白区域双击。一个名为"新建审核任务 1"的任务节点添加到工作流程中。

④输入工作流程名称"设计审查"，然后按 Enter 键。

⑤选择"设计审查"节点，输入如下说明文字（可选，即可以不输入）：负责结构和功能性评审，审查结论为批准和拒绝。

（4）添加"确认已修改"任务。

按照步骤（2）的方法，添加一个 Do 任务模板。

名称：确认已修改。

说明：根据"设计审查"意见，确认已经完成修改。

（5）添加"标准化审查"任务。

按照步骤（3）的方法，添加一个"审查"任务模板。

名称：标准化审查。

说明：审查是否符合企业规范和标准，结论为批准和拒绝。

（6）添加"批准"任务。

①在任务层次结构树中，选择工作流程根节点"wf01_车床项目结构设计审批流程"（注意，一定不要选择第 1 个任务节点）。

②在工具栏单击"认可"任务模板图标 。

③在工作流程设计器窗口的"标准化审查"节点后的空白区域双击。一个名为"新建认可任务 1"的任务节点添加到工作流程中。

④输入工作流程名称"批准"，然后按 Enter 键。

⑤选择"批准"节点，输入说明文字（可选，即可以不输入）：负责结构和功能性评审，审查结论为批准和拒绝。

（7）添加"发布"任务。

①在任务层次结构树中，选择工作流程根节点"wf01_车床项目结构设计审批流程"（注意，一定不要选择第 1 个任务节点）。

②在工具栏中单击"添加状态"任务模板图标 ▣。

③在工作流程设计器窗口的"批准"节点后的空白区域双击。一个名为"新建添加状态任务 1"的任务节点添加到工作流程中。

④输入工作流程名称"发布"，然后按 Enter 键。

⑤选择"发布"节点，输入说明文字（可选，即可以不输入）：前续审批均已结束，经过此节点后自动将数据对象标记为"已发布"状态。

（8）勾选"阶段设为可用"复选框，保存流程模板。

### 3. 连接工作流程任务

（1）单击"编辑模式"按钮 ▣，在弹出的"脱机"对话框中单击"是"按钮。

（2）在工作流程设计器窗口，用鼠标拖动摆放各节点，调整好任务间的布局。

①单击任务上部的蓝色区域，按住鼠标左键不放并移动鼠标，可以在工作流程设计器中手动调整工作流程节点（图 9 - 10）。

**图 9 - 10　手动调整工作流程节点**　　　　连接工作流程任务

②完成后，工作流程节点结构树及设计器窗口如图 9 - 11 所示。

**图 9 - 11　添加完所有工作流程节点**

（3）连线。

①用鼠标左键按住前一个节点的图标（矩形框住的图标）不放，移动到下一个节点的图标（矩形框住的图标）处释放鼠标，即在两个工作流程节点之间加了一条箭线。箭尾为起始节点，箭头为结束节点（图 9 - 12）。

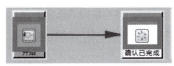

**图 9 - 12　连线**

②工作流程节点连线完成后如图9-13所示。

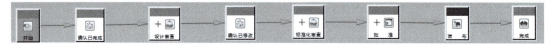

**图 9 – 13　工作流程节点连接完成**

（4）勾选"阶段设为可用"复选框，保存流程模板。

### 4. 创建签发概要表

"审批"任务需要指定签发概要表，即要指定什么人负责工作流程审核。签发概要表在流程模板中定义，在签发中一般指定组和角色。

（1）单击"编辑模式"按钮 ，在弹出的"脱机"对话框中单击"是"按钮。

创建签发概要表

（2）为"设计审查"任务节点创建签发概要表（图9-14）。

①双击任务层次结构树中的"设计审查"任务。

②选择"select – signoff – team"子任务，然后单击工作流程设计器左下方的"显示任务签发面板"按钮 。

③在"签发概要表"对话框中，指定如下组和角色。

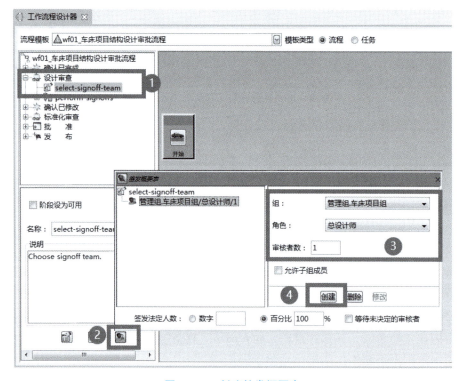

**图 9 – 14　创建签发概要表**

组：管理组．车床项目组。

角色：总设计师。

审核者数：1。

单击"创建"按钮。

④关闭"签发概要表"对话框。

（3）为"标准化审查"任务节点创建签发概要表。

①双击任务层次结构树中的"标准化审查"任务。

②选择"select – signoff – team"子任务，然后单击工作流程设计器左下方的"显示任务签发面板"按钮 📷 。

③在"签发概要表"对话框中指定如下组和角色。

组：管理组 . 车床项目组。

角色：标准化工程师。

审核者数：1。

单击"创建"按钮。

④关闭"签发概要表"对话框。

（4）为"批准"任务节点创建签发概要表。

①双击任务层次结构树中的"批准"任务。

②选择"select – signoff – team"子任务，然后单击工作流程设计器左下方的"显示任务签发面板"按钮 📷 。

③在"签发概要表"对话框中指定如下组和角色。

组：管理组 . 车床项目组。

角色：项目经理。

审核者数：1。

单击"创建"按钮。

④关闭"签发概要表"对话框。

（5）勾选"阶段设为可用"复选框，保存流程模板。

### 5. 添加任务处理程序

处理程序是工作流程中最低级别的构建块。它们是用于扩展和定制任务的小 ITK 程序。任务处理程序有以下两种。

添加任务
处理程序（1）

（1）操作处理程序对任务操作进行扩展和定制。它可以执行多种操作，如显示信息、检索之前任务的结果（继承）、通知用户、设置对象保护和启动应用程序。

（2）规则处理程序可确认是否符合已定义的规则。如果符合已定义的规则，则规则处理程序返回EPM_go 命令，允许该任务继续进行。如果不符合已定义的规则，则规则处理程序返回 EPM_nogo 命令，阻止任务继续进行。

本部分涉及任务处理程序，其名称及参数都为英文，初学者容易选错和输入错误，相关的任务处理程序名称、参数可以从随书资源的"5.1 项目中配置的任务处理程序相关参数 . txt"文件中复制。

1）设置审批流程中任务被否决后的自动回退

当一个工作流程中的任务被否决后，工作流程将返回，而返回到哪个任务，是由系统管理员在建立流程模板时指定的。这个功能需要借助任务处理程序来实现。这里要用到 2 个任务处理程序，见表 9 – 5。

表9－5　处理任务回退的相关任务处理程序说明

| 序号 | 任务处理程序名称 | 放置位置 | 参数 |
|---|---|---|---|
| 1 | EPM－demote | 放置在"审核"任务根节点的"撤销"操作上 | －target_task：指定工作流程否决后退出的任务节点名称 |
| 2 | EPM－demote－on－reject | 放置在"审核"任务的"perform－signoffs"子任务的执行操作上 | －num_rejections：指定退回任务所需的拒绝人数。指定－1可读取批准法定人数值，并在累计拒绝人数无法满足法定人数要求时退回任务 |

本工作流程中有3个审核任务，各任务否决后回退要求见表9－6。

表9－6　本工作流程中相关任务回退要求

| 序号 | 任务名称 | 回退任务节点名称 |
|---|---|---|
| 1 | 设计审查 | 确认已完成 |
| 2 | 标准化审查 | 确认已修改 |
| 3 | 批准 | 确认已完成 |

操作步骤如下。

（1）确认工作流程设计器处于编辑模式。

（2）添加EPM－demote处理程序（图9－15）。

①选择任务层次结构树中的"设计审查"任务，不要选择子任务。

②单击工作流程设计器下方的"显示任务处理程序面板"按钮 。

（3）在"处理程序"对话框，按如下方法进行设置。

①在左侧选择"撤销"文件夹。

②单击"定义为操作处理程序"按钮 。

③在右侧"操作处理程序"下拉列表中选择"EPM－demote"选项。

④参数按如下设置。

参数：－target_task。

参数值：确认已完成。

⑤单击"创建"按钮

（4）关闭"设计审查"任务的"处理程序"对话框

2）添加"EPM－demote－on－reject"处理程序（图9－16）

（1）选择任务层次结构树中的"设计审查"任务下的"perform－signoffs"子任务。

（2）单击工作流程设计器下方的"显示任务处理程序面板"按钮 。

（3）在"处理程序"对话框中按如下方法进行设置。

添加任务流程
处理程序（2）

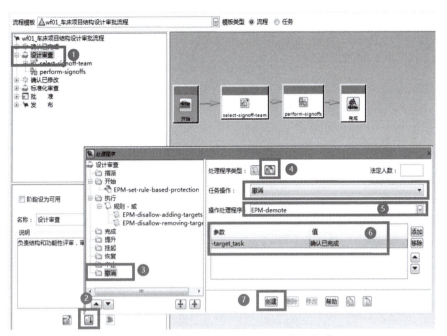

图 9 – 15　添加"EPM – demote"处理程序

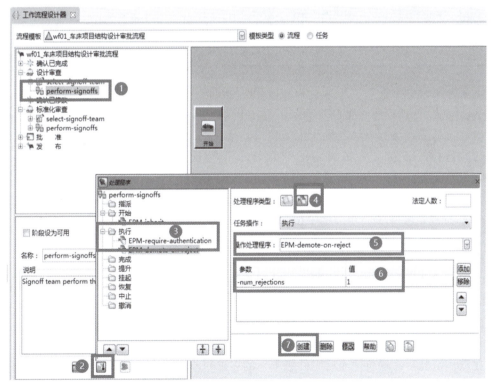

图 9 – 16　添加"EPM – demote – on – reject"处理程序

①在左侧选择"执行"文件夹。

②单击"定义为操作处理程序"按钮 。

③在右侧"操作处理程序"下拉列表中选择"EPM – demote – on – reject"选项。

④参数按如下方式设置。

参数名：– num_rejections。

参数值：1。

⑤单击"创建"按钮。

（4）关闭"设计审查"任务的"处理程序"对话框。

（5）根据任务被否决后的自动回退要求，按上述步骤，为"标准化审查"和"批准"任务添加两个任务处理程序。

添加任务流程
处理程序（2）

3）设置执行审批时强制用户输入密码

因为安全要求，一般会在"审批"任务节点添加"EPM – require – authentication"处理程序，这样用户在执行审批时，必须先输入密才能提交审批意见。"EPM – require – authentication"处理程序说明见表9 – 7。

表9 – 7   "EPM – require – authentication" 处理程序说明

| 序号 | 任务处理程序名称 | 放置位置 | 参数 |
|---|---|---|---|
| 1 | EPM – require – authentication | 放置在以下任务的执行操作上：<br>• "Do"任务；<br>• "perform – signoffs"任务；<br>• "条件"任务。<br>涉及"会签"任务时，放置在"审核"或"认可"任务的"perform – signoffs"子任务的执行操作上 | 无 |

下面为"设计审查""标准化审查"和"批准"等3个任务添加"EPM – require – authentication"处理程序，操作步骤如下（图9 – 17）。

（1）确认工作流程设计器处于编辑模式。

（2）选择任务层次结构树中的"设计审查"任务下的"perform – signoffs"子任务。

添加任务
处理程序（3）

（3）单击工作流程设计器下方的"显示任务处理程序面板"按钮▣。

（4）在"处理程序"对话框中按如下方式设置。

①在左侧选择"执行"文件夹。

②单击"定义为操作处理程序"按钮▣。

③在右侧"操作处理程序"下拉列表中选择"EPM – require – authentication1"选项。

④单击"创建"按钮。

（5）关闭"设计审查"任务的"处理程序"对话框。

4）设置某工作流程节点时将表单添加到工作流程附件列表

在默认情况下，零组件或零组件版本下的表单对象不会自动添加到工作流程附件参与工作流程审批，需要使用"EPM – attach – related – objects"处理程序。该处理程序搜索所有目标对象，查找具有指定关系或采用指定引用属性和类型的对象，然后将它们添加为目标或引用附件。"EPM – attach – related – objects"处理程序说明见表9 – 8。

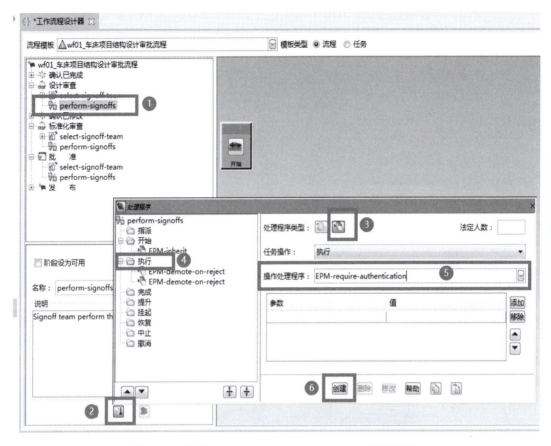

图 9 – 17　添加 EPM – require – authentication 处理程序

表 9 – 8　EPM – attach – related – objects 说明

| 序号 | 任务处理程序名称 | 放置位置 | 常用参数 |
|---|---|---|---|
| 1 | EPM – attach – related – objects | 通常放置在根任务的开始操作上，以便在工作流程发起时更新目标附件列表 | （1）　– relation。<br>指定要附加到次对象与主对象的关系，关系名称必须是有效的关系类型。常见的关系类型如下：<br>IMAN_manifestation、IMAN_specification、IMAN_require-ment、IMAN_reference、PSBOMViewRevision、IMAN_master_form、IMAN_specification。<br>（2）　– attachment。<br>指定对象的附件类型，有两种：taget 和 reference |

在本工作流程中，需要在"确认已完成"节点（"Do"任务）中将表单对象作为审批附件添加到工作流程中。操作步骤如下（图 9 – 18）。

（1）确认工作流程设计器处于编辑模式。

（2）选择任务层次结构树中的"确认已完成"任务。

（3）单击工作流程设计器下方的"显示任务处理程序面板"按钮 。

（4）在"处理程序"对话框中按如下方式设置。

①选择"完成"文件夹。

②处理程序类型：规则处理程序 。

③共有2个参数，按如下方式设置。

参数1名称：－attachment。

参数1值：target。

参数2名称：－relation。

参数2值：IMAN_master_form。

④单击"创建"按钮。

（5）关闭"设计审查"任务的"处理程序"对话框。

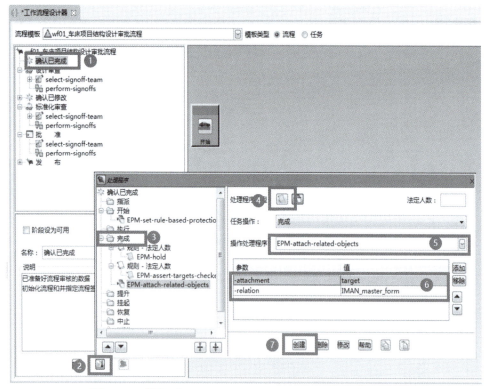

图9-18　添加"EPM-attach-related-objects"处理程序

**6. 配置工作流程节点的数据访问权限**

进入审批流程中的数据一般不允许修改，但有些节点则需要对数据进行修改。在本工作流程中，在"确认已完成""确认已修改"任务节点中创建ACL，并指定访问者在工作流程中的权限。

1）创建ACL并将ACL指定到"确认已完成"任务节点

（1）确认工作流程设计器处于编辑模式。

（2）选择任务层次结构树中的"确认已完成"任务（图9-19）。

（3）单击"显示任务属性面板"按钮 （图9-19）。

（4）在"属性"对话框中单击"命名的 ACL"按钮 🔒（图 9－19）。

（5）弹出"命名的 ACL"对话框，做以下设置（图 9－19、图 9－20）。

①输入 ACL 名称：WfACL01_Write。

②单击"新建 ACL"按钮 🔳。

③单击" ＋ "按钮 ⊞ 2 次，在 ALC 中新增两行。

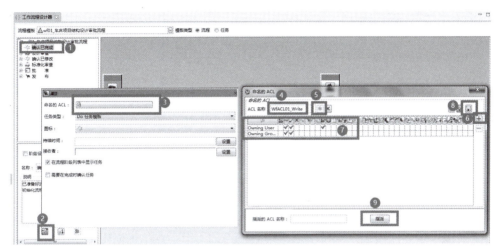

图 9－19　为流程节点创建 ACL

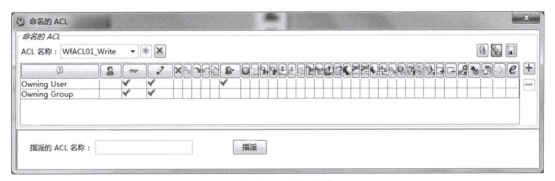

图 9－20　ACL 设置

④单击"保存"按钮 🔳。

⑤单击"指派"按钮 指派 。

⑥关闭"命名的 ACL"对话框。

⑦返回"属性"对话框，确认"属性"面板中已经将"命名的 ACL"指定为 "WfACL01_Write"（图 9－21）。

（6）关闭"属性"对话框。

2）将上一步新建的 ACL 指定到"确认已修改"任务节点

（1）选择任务层次结构树中的"确认已修改"任务。

（2）单击"显示任务属性面板"按钮 📝。

（3）在"属性"对话框中单击"命名的 ACL"按钮 🔒。

（4）弹出"命名的 ACL"对话框，做以下设置。

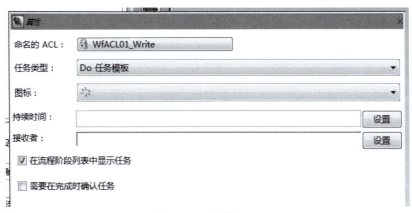

图 9 – 21　指派 ACL

①在"ACL 命名称"下拉列表中选择"WfACL01_Write"选项。

②单击"指派"按钮 指派 。

③关闭"命名的 ACL"对话框。

（5）返回"属性"对话框，确认"属性"对话框中已经将"命名的 ACL"指定为"WfACL01_Write"。

（6）关闭"属性"对话框。

（7）勾选"阶段设为可用"复选框，保存流程模板。

## 9.3.2　发起工作流程并执行审批

### 1. 新建测试数据

（1）以"编者"用户账号登录 Teamcenter 胖客户端。

（2）在"Home"文件夹下，创建一个"工作流测试"文件夹。

（3）在"工作流测试"文件夹下，创建一个零组件。创建的零组件 ID 为 000251。

（4）选择零组件的版本 A，在该版本下新建一个 UGMASTER 数据集。创建的测试数据如图 9 – 22 所示。

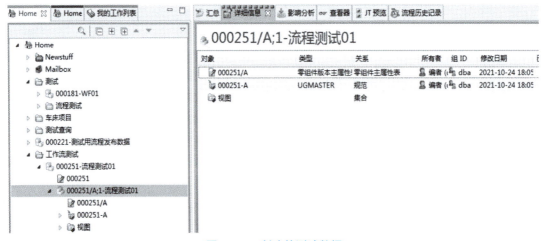

图 9 – 22　创建的测试数据

**2. 选择数据对象新建工作流程**

（1）选择上一步创建的测试流程用的零组件版本（000251 – A 版本）。

（2）选择"新建"→"工作流程"命令（图 9 – 23）。

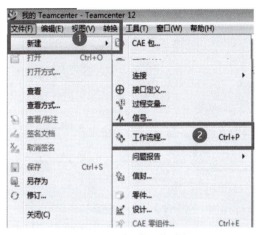

图 9 – 23　新建工作流程

（3）在弹出的"新建流程对话框"中，做如下设置（图 9 – 24、图 9 – 25）。

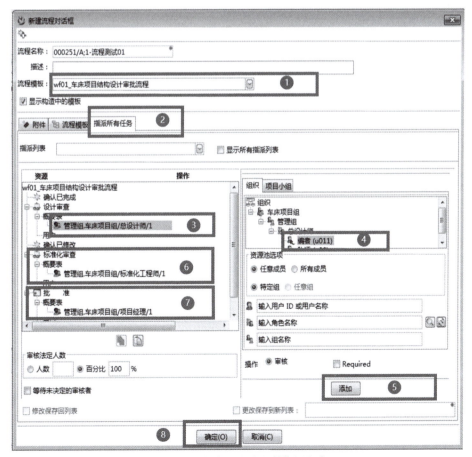

图 9 – 24　新建工作流程并指派任务

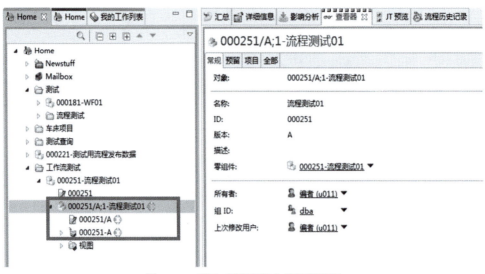

**图 9 - 25　进入审批流程中的数据图示**

① "流程模板"选择"wf01_车床项目结构设计审批流程"。

② 切换到"指派所有任务"选项卡。

③ 将"设计审查""标准化审查""批准"都指定为"编者"用户。

④ 单击"确定"按钮。

**3. 执行流程**

1）执行"确认已完成"任务

（1）单击"我的工作列表"应用程序按钮。

（2）选择"要执行的任务中"→"000251/A（确认已完成）"节点（图 9 - 26）。

（3）选择右边的"查看器"透视图（图 9 - 26）。

（4）单击"流程视图"单选按钮（图 9 - 26）。

**图 9 - 26　在流程视图中查看工作流程状态**

通过流程视图可以查看当前工作流程的状态，其中绿色的节点代表已经完成，黄色的节点代表当前任务，白色的节点代表任务没有开始。

从流程视图可以看出，此流程"开始"任务节点已经完成，当前处于"确认已完成"任务节点。

（5）单击"任务视图"单选按钮（图 9 - 27）。

任务视图用于执行具体的任务，不同节点类型的任务视图不同。

（6）单击"完成"按钮（图9-27）。

（7）单击"应用"按钮（图9-27）。

单击"应用"按钮后执行完当前任务的操作，工作流程自动进入下一个任务节点。

图9-27 执行"确认已完成"任务

2）执行"设计审查"任务

（1）单击"我的工作列表"应用程序按钮。

（2）选择"要执行的任务"→"000251/A（perform-singn）"节点（图9-28）。

（3）选择右边的"查看器"透视图（图9-28）。

（4）单击"任务视图"单选按钮（图9-28）。

（5）单击"决定"下面的"不作决定"链接（图9-28）。

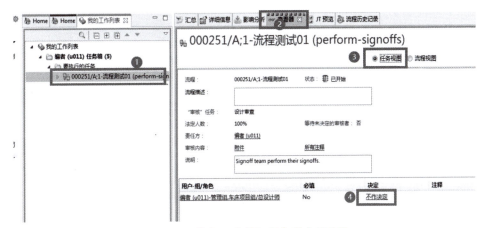

图9-28 执行"审核"任务节点的审批

（6）在弹出的"签发决定"对话框中进行如下操作（图9-29）。

①输入用户密码。

②单击"决定"→"拒绝"单选按钮。

③单击"确定"按钮。

（7）工作流程将退回到"确认已完成"任务节点。

图9-29　"签发决定"对话框（拒绝）

（8）按前述介绍完成"确认已完成"任务节点操作。

（9）工作流程再次进入"设计审查"任务节点。

（10）选择要执行的任务"000251/A（perform-singn）"。

（11）切换到任务视图。

（12）在弹出的"签发决定"对话框中进行如下操作（图9-30）。

①输入用户密码。

②单击"决定"→"批准"单选按钮。

③单击"确定"按钮。

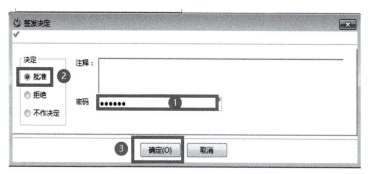

图9-30　"签发决定"对话框（批准）

　　按照上述步骤，依次完成"确认已修改""标准化审查""批准"等任务的执行和审批。

　　其中，由于"批准"任务是"认可"类型任务，所以其"签发决定"与"审核"类型任务略有不同，如图9-31所示。

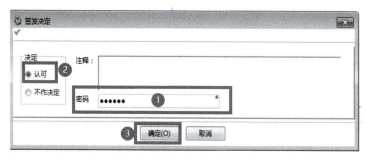

图9-31　"认可"类型任务的"签发决定"对话框

经过流程审批的数据后面会有旗帜图形，代表数据已经发布，如图 9 – 32 所示。

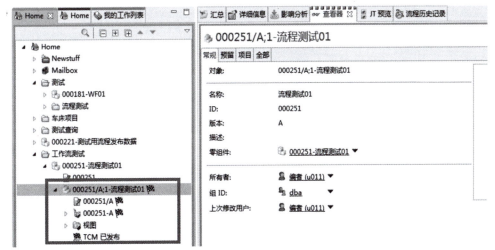

图 9 – 32 经过流程审批的数据

## 9.4 任务评价

项目 9 任务评价见表 9 – 9。

表 9 – 9 项目 9 任务评价

| 评价项目 | 分值 | 得分 | |
| --- | --- | --- | --- |
| | | 自评分 | 师评分 |
| 熟悉工作流程设计器、"我的工作列表"、工作流程查看器 | 5 | | |
| 了解工作流程、流程模板 | 5 | | |
| 了解常见的任务模板 | 10 | | |
| 能创建流程模板 | 5 | | |
| 能修改任务行为 | 5 | | |
| 掌握添加常见的任务处理程序的方法 | 5 | | |
| 能部署流模板 | 10 | | |
| 完成一个流程模板设计 | 10 | | |
| 基于设计的流程模板发起工作流程并指派工作流程任务 | 10 | | |
| 会审核工作流程任务 | 10 | | |
| 会跟踪工作流程状态 | 10 | | |
| 学习认真，按时出勤 | 10 | | |
| 具有自主探究能力 | 5 | | |
| 总计得分 | | | |